21世纪高等院校云计算和大数据人才培养规划教材

云存储系统
——Swift的原理、架构及实践

The Cloud Storage System

武志学 赵阳 马超英 ◎ 编著

THE CLOUD STORAGE SYSTEM

CLOUD COMPUTING & BIG DATA

人 民 邮 电 出 版 社
北 京

图书在版编目（CIP）数据

云存储系统 : Swift的原理、架构及实践 / 武志学，赵阳，马超英编著. -- 北京 : 人民邮电出版社，2015.2（2023.7重印）
21世纪高等院校云计算和大数据人才培养规划教材
ISBN 978-7-115-37815-6

Ⅰ. ①云… Ⅱ. ①武… ②赵… ③马… Ⅲ. ①程序语言－程序设计－高等学校－教材 Ⅳ. ①TP312

中国版本图书馆CIP数据核字(2014)第281867号

内容提要

本书主要介绍了云存储的起源、概念及特点，文件系统、块存储系统和对象存储系统的原理和使用场景，Swift 云存储系统的原理、特性及架构，Swift 云存储系统的搭建和维护，Swift 云存储系统的各种使用接口；基于 Swift 的应用开发等方面内容，不仅从理论上介绍了云存储系统的起因、特点、原理、架构和使用场景，更是通过深入浅出地讲解当前国际上最热门的开源云存储系统 Swift 的原理、架构和使用，使学生在掌握云存储理论知识的同时，能够完全了解、搭建、维护 Swift 云存储系统，以及开发基于 Swift 的各类应用。

本书主要面向各级各类院校计算机类专业的学生，对每一个核心概念都进行了严格的定义，并通过各种例题进行详细讲解。学生还可以通过完成每章后面附有的习题和实验，加深对课堂内容的理解和记忆。本书也可供从业人员和计算机爱好者自学参考。

◆ 编　　著　武志学　赵　阳　马超英
责任编辑　王　威
责任印制　杨林杰

◆ 人民邮电出版社出版发行　　北京市丰台区成寿寺路 11 号
邮编　100164　　电子邮件　315@ptpress.com.cn
网址　http://www.ptpress.com.cn
廊坊市印艺阁数字科技有限公司印刷

◆ 开本：787×1092　1/16
印张：12.25　　2015 年 2 月第 1 版
字数：318 千字　　2023 年 7 月河北第 10 次印刷

定价：32.00 元

读者服务热线：(010)81055256　印装质量热线：(010)81055316
反盗版热线：(010)81055315
广告经营许可证：京东市监广登字 20170147 号

序

数据生产一直贯穿着人类社会的发展历程，利用结绳计数或是在龟甲上刻下书契的人类祖先或许没有料到就是他们这一原始的技术逐步引导并开启了人类数据生产的历史。回顾人类文明早期的几千年，中华民族在数据生产技术上做出了伟大的贡献，印刷术和造纸术的发明为信息记录、复制提供了重要的工具，使人类几千年的文明信息得以保存，这几千年人类度过了信息和数据平稳增长时期。

随着电子信息技术、网络技术的发展，特别是移动互联网技术的发展，数据的生产方式发生了剧烈的变化，数据生产变得无处不在。移动互联网和智能手机的发展使每个人可以随时随地产生数据，数据的生产成为了人们的生活方式，聊微信、刷微博、发照片成为了多数年轻人每天都要做的事。物联网的发展更使数据的生产变得自动化，遍布城市、企业、小区的探头一刻不停地在产生着海量的数据。这一变化使全世界数据量呈现出爆发性的增长，数据的泛滥使技术人员不得不认真应对。吉姆·格雷提出的第四范式标志着"大数据"正式成为了人类需要共同面对的技术难题，未来信息技术的发展"大数据"将成为核心的主题，并将延伸到其他相关学科。

大数据技术的快速发展在产业界已成为共识，如何培养适应新的技术需求的人才是教育界需要迅速面对的问题，人才的缺乏会严重地制约产业发展。在云计算大数据领域，目前图书市场上技术参考书较多，但缺乏适合教学的高品质图书，不少院校苦于没有适合的教材而无法开设相关课程。武志学老师在此时出版的这本《云存储系统——Swift 的原理、架构及实践》一书，是对大数据人才培养课程体系研究的一个重要探索。存储问题是大数据需要面对的第一个基础问题，本书将带领大家了解数据存储相关的知识要点，以实践为引导，迅速使学生掌握大数据存储技术的核心理念。

武志学老师毕业于剑桥大学三一学院，拥有丰富的国际云计算企业工作经验，领导创办了国内第一个云计算系，在教学过程中事必亲为，对实验内容要求严格，所有操作及代码均要进行严谨的验证。武老师虽然身兼繁忙的教学和技术领导职务，但一直坚持亲自为本科生进行教学，此书就是武老师在长期教学和工程实践过程中逐步积累起来的，远非一般性的急就篇所能比拟。武老师是一位纯粹的学者，读者在使用本书的过程中可以与武老师进行交流，相信一定会获益匪浅。本书的出版定会为我国云计算大数据人才的培养起到积极的促进作用，也能为其他院校开设相关课程和专业提供有益的参考。

王　鹏　成都信息工程学院并行计算实验室主任

成都信息工程学院并行计算实验室

2014 年 10 月

前　言

随着互联网与移动通信网络的快速发展，数据呈现出爆炸式增长，视频、图片、网站、SaaS应用等都存在无休止的存储需求，这无疑是对数据存储提出新的挑战。2012 年国际数据机构（IDC）宣布全球的数字化内容已经超过了 2775EB，在最近两年几乎增长了 2048EB。

Exabytes（EB）到底有多大？这是一个难以想象的大数量，相当于 1000PB、一百万 TB 或者 10 亿 GB。而一本书的大小一般只有几个 MB。世界上最大的图书馆——美国国会图书馆，拥有 2300 万本书籍，大约 23TB 的数据。其中，高清照片的大小几倍于 2MB。而 1EB 相当于 5 亿多张高清照片。

存储数据的高增长空前。IDC 预计到 2020 年，全球的数据量将会超过 35000EB，等同于全球每个人都拥有 4TB 的数据。

面对如此严峻的挑战，2009 年，全球三大云计算中心之一的 RackSpace 开始研发对象存储系统——Swift。该系统旨在解决静态数据的长期存储问题，特别是针对虚拟机镜像、图片存储、邮件存储等。2010 年 7 月，RackSpace 将 Swift 的代码贡献给了 OpenStack 开源社区，成为了一个开源的云存储系统。

在当前的云计算大数据时代，如何能够安全可靠低成本的存储和使用海量数据是各个企业面临的一个大问题。云存储是通过采用网格、分布式文件系统、服务器虚拟化、集群应用等技术，将网络中海量的异构存储设备构成可弹性扩展、低成本、低能耗的共享存储资源池，并提供数据存储访问、处理功能的一个系统服务。企业和个人都可以通过一个简单的 Web 服务接口，在任何时间、任何地点存储和检索任意数量的数据，获得高可用、高可靠的数据存储以及稳定廉价的基础存储设施。

Swift 具有传统分布式存储所无法比拟的显著优势，为大数据的存储带来了希望，引起了工程师、部署者、管理者们极大的兴趣，但同时，它作为新的存储方式，需要我们从新的角度，以新的思维方式去学习和应用。本书的编写主要是针对高校计算机专业的学生，在全面介绍 Swift 工作原理和相关技术的同时，还提供了大量的例题和习题，以及实训操作流程。主要内容包括 Swift 简介、Swift 系统架构、Swift 工作原理、Swift 使用、Swift 应用开发、Swift 的实现、Swift 单机安装、Swift 集群安装、Swift 集群运维等，从而覆盖了 Swift 的各个方面，历史、发展趋势、技术术语、整体架构、工作流程、实现方法、调试方法、运维操作等。本书每章配有相关思考题和实训，以巩固学习所用。

本书的作者拥有丰富的国际云计算公司的工作经验、国内外高校教学经验，以及实际开发云计算系统的经验。基于这些，本书并不仅仅是将相关技术内容简单地告诉读者，而是结合他们的实践经验将复杂问题简单化，以深入浅出的方式表达了 Swift 存储系统的方方面面。目的是希望读者通过对本书的阅读能够掌握 Swift 工作原理，并在此基础上将所学应用于实践，解决工作中遇到的关于大数据存储的实际问题。

在编写过程中，我们得到了电子科技大学成都学院领导和同事的不少帮助和支持，获得了学校教材建设基金给予的经费资助，在这里表示感谢。同时特别感谢刘小珍在认真阅读初稿的基础上进行总结，为每章补充了习题和思考题；感谢汪雪飞对使用 Java 开发 Swift 应用章节代码的验证；感谢王娜、宋怡对 Swift 搭建方法进行实际验证和各种特性的测试。

编者

2014 年 11 月

目 录 CONTENTS

PART 1

第 1 章 云存储概述

主要内容：

- 云存储起源
- 云存储概念
- 云存储特点

本章目标：

- 了解什么是云存储
- 了解云存储的技术起源以及服务起源
- 了解云存储的典型特征

近年来，被业界称为第三次 IT 革命的“云计算”技术的快速发展，掀起了全球信息技术的变革浪潮。Google CEO 埃里克·施密特对“云计算”概念的解释是“云计算把数据分布在大量的分布式计算机上，从而使得存储获得很强大的可扩展能力。”在百度文库查询云计算的定义，可以看到这样一段文字“云计算就是这样一种变革——由谷歌、IBM 这样的专业网络公司来搭建计算机存储、运算中心，用户通过一根网线借助浏览器就可以很方便地访问，把‘云’作为资料存储以及应用服务的中心。”云计算的粗略概念如图 1.1 所示。

图 1.1　云计算

由“云计算”的定义中，我们看到另一个新的概念——云存储。云存储是云计算技术的重要组成部分，是云计算的重要应用之一。在云计算技术发展过程中，伴随着数据存储技术的云化发展历程。云计算的起源包含了技术模式和服务模式两个方面，云存储的起源同样也包含了技术和服务两个方面。

1.1 云存储起源

1.1.1 云存储技术起源

任何一项新技术的出现与发展，都有着与其密不可分的、推动其向前的背景技术。云存储技术的发展，同样源于集群技术、网格技术、分布式存储技术、虚拟化存储技术的发展。

1．宽带网络的发展

随着互联网技术的不断提升、宽带网络建设速度的加快、大容量数据传输技术的实现和普及，传统的基于 PC 的存储技术将逐渐被云存储技术所替代。

2．Web 2.0 技术的出现

Web2.0 的出现改变了网络信息的传播方式。在 Web1.0 的时代，用户对网络信息的使用强调的是“获取”和“下载”；而在 Web2.0 时代，Web2.0 更多强调的是“分享”与“互动”。移动终端的广泛使用，令网络数据的应用方式更加灵活多样。

3．分布式文件系统

传统的网络存储系统采用集中的存储服务器存放所有的数据信息，面对庞大的数据存储需求，存储服务器自身成为系统性能的瓶颈，也是可靠性和安全性的焦点问题。与其不同，分布式文件系统不是将数据信息放在一块磁盘上，由上层操作系统来管理，而是存放在一个由主控服务器（Master/NameNode）、数据服务器（ChunkServer/DataNode）和客户服务器组成的服务器集群上，文件的目录结构独立存储在一个主控服务器上，而具体的文件数据拆分成若干块，冗余地存放在不同的数据服务器上。集群中的服务器共同协作，提供整个文件系统的服务。

4．数据编码技术

数据编码技术就是将需要加工处理的数据转化成代码或编码字符形式，以便于数据的可靠传输和迅速调用。对数据进行编码，可以方便地进行信息分类、检索、校对、计算等操作。因此，数据编码就成为计算机处理信息的关键。在云存储系统中，一般采用以下 3 种编码方式：数据压缩编码——在保证数据信息完整性的前提下，去除信息中的数据冗余，减少数据量，提高数据的存储、传输和处理效率，节约存储空间，这对大数据处理技术的应用有着重要作用；冗余编码——系统通过执行循环命令，可以检测和纠正数据在传输中发生的错误，提高存储系统的容错性；加密编码——通过加密技术，保证所存储数据的保密性和完整性。

5．存储虚拟化技术

存储虚拟化技术简化了原本相对复杂的底层基础架构，将云存储中数量庞大、分布地域广泛的服务器集群构建成一个基于异构网络的逻辑存储体。存储虚拟化的思想是将资源的逻辑映像与物理存储分开，从而解决异构存储系统在兼容性、扩展性、可靠性、容错容灾等方面存在的问题。

1.1.2 云存储服务起源

云存储服务萌发于互联网早期的 E-mail 系统，最早由 Hotmail 推出。随着 Web2.0 和宽带网络的发展，各种云存储服务呈现爆炸式增长。从 Google 的 GFS 到 Amazon 的 S3，从微软的 Azure Blob 到苹果的 iCloud，从 Facebook 到 Twitter，云存储服务无处不在。可以说，不是每个互联网用户都知道云存储的存在，但是几乎所有的互联网用户都已经站立在“云”端。

在传统存储模式下，当我们使用某一个独立的存储设备时，我们必须了解这个存储设备是什么型号，什么接口和传输协议，必须清楚地知道存储系统中有多少块磁盘，分别是什么型号，多大容量，存储设备和服务器之间采用什么样的连接线缆。为了保证数据安全和业务的连续性，我们还需要建立相应的数据备份系统和容灾系统。除此之外，对存储设备进行定期的状态监控、维护、软硬件更新和升级也是必需的。而在云存储系统中的所有设备对使用者来讲都是完全透明的，任何地方的任何一个经过授权的使用者都可以通过一根接入线缆与云存储连接，对云存储进行数据访问。

如同云计算一样，云存储对使用者来讲，不是指某一个具体的设备，而是指一个由许许多多个存储设备和服务器所构成的集合体。使用者使用云存储，并不是使用某一个存储设备，而是使用整个云存储系统带来的一种数据访问服务。所以严格来讲，云存储不是存储，而是一种服务。

云存储服务模式的出现，改变了长期以来人们对数据信息存取的方式。种类繁多的云存储服务更是让人们充分体验了现代信息技术带来的全新感受。从最初简单的邮件服务发展到现在，以国际著名 5 大存储服务（苹果 iCloud、Google、亚马逊 Cloud Drive、Windows Live SkyDrive 和 Dropbox）为代表的云存储服务商们为用户提供了空间服务、类型文件服务、搜索引擎服务、音乐服务、离线支持服务等。云存储的核心是应用软件与存储设备相结合，通过应用软件来实现存储设备向存储服务的转变。

云存储服务与传统存储相比较，最大的区别在于人们摆脱了对本地设备的依赖。对存储空间、数据信息的获取和使用，由原来的购买、下载保存变为通过一个简单的 Web 服务接口，便可以在任何时间、任何地点存储和检索任意数量的数据，获得高可用、高可靠的数据存储以及稳定廉价的基础存储设施。

1.2 云存储概念

通过上一节的学习，我们不可避免地要提出一个问题：什么是云存储?

云存储是伴随云计算衍生出来的新概念，尚没有一个标准的定义。但是，业界对于云存储已达成基本共识，即云存储不仅是数据信息存储的新技术、新设备模型，也是一种服务的创新模型。云存储是通过采用网格技术、分布式文件系统、服务器虚拟化、集群应用等技术，将网络中海量的异构存储设备同构成可弹性扩展、低成本、低能耗的共享存储资源池，并提供数据存储访问、处理功能的一个系统服务。

当云计算系统核心应用海量数据存储、访问管理时，就需要配置大量的云存储设备，云计算系统就转换成了一个云存储系统。所以，从另外一个角度来讲，云存储实际上也是一个以数据存储和管理为核心的云计算系统。

从技术上的角度看，云存储基于网络，利用分布式协同工作软件，将用户数据分散存储于若干通用存储服务器上，并通过副本或编码方法实现容错，向用户提供可靠的统一的逻辑存储空间；从业务模型角度看，云存储是指将用户数据通过网络存储在共享存储空间里，方便用户使用各种终端访问和共享。

云存储在服务架构方面，包含了云计算三层服务架构的技术体系。云存储服务在 IaaS 层为用户提供了数据存储、归档、备份的服务，在 PaaS 层为用户提供各种不同的类型文件及数据库服务。作为云存储在 SaaS 层的使用，涉及的内容就丰富和广泛得多了，包括我们熟悉的云网盘、照片的保存与共享、在线音乐、网络影院、在线备份、文档笔记的保存、在线游戏等。

1.3 云存储的特点

1．低成本

传统的存储系统的架构主要是针对具体应用领域而采用专门、特定的硬件组件（服务器、磁盘阵列、控制器、系统接口）构成的架构，提供的服务类型比较单一，并且一般来讲是通过硬件来实现系统的可靠性和性能的。

云存储通常是通过大量的普通廉价主机构建成集群，甚至是跨地域的多个数据中心，可靠性和性能多是采用软件架构的方式来获取的。容灾机制开始就包含在架构体系设计和每一个开发环节中。与传统存储系统中的故障恢复机制不同，云存储系统的快速更换单位通常是一个存储主机，而不是单个 CPU、内存等内部硬件部件。当某个节点出现硬件故障时，管理人员只需将此节点替换为新的节点，数据就能自动得到恢复。所以，云存储可以大大降低企业级存储的成本，包括硬件设备购置成本、运维存储服务的成本、修复存储的成本以及管理存储的成本。

2．服务模式

按需使用、按量付费是云存储的一大亮点。云存储实际上不仅仅是一个采用集群式的分布式架构，而且是通过硬件以及软件虚拟化而提供的一种存储服务。企业和个人不是通过购买和部署硬件设备来完成数据存储，而是通过购买服务把数据存储到云数据中心。

3．可动态伸缩性

存储系统的动态伸缩性主要包含读/写性能和存储容量的扩展和缩减。随着业务量的增加，存储系统需要提高其读/写性能和存储容量来满足新的需求。有时候因为季节因素或者市场变化，为了节约成本，存储系统可以根据实际情况缩减其性能和容量。

传统的存储系统一般按照其型号有规定的硬件配置以及性能和容量确定的扩展功能，但是当业务需要超出系统的支持范围，就需要更新整套硬件设备来满足需求。

可动态伸缩性是云存储与传统存储系统相比的最大亮点之一。一个设计良好的云存储系统可以在系统运行过程中简单地通过添加或移除节点来自由扩展和缩减，并且这些操作对用户来说都是透明的。

4．超大容量

云存储具备海量存储的特点，可以支持数十 PB 级的存储容量，高效地管理上百亿个文件，并且具有很好的线性可扩展性。

5．高可靠性

传统的存储系统一般通过冗余磁盘阵列（RAID）来提供数据冗余技术。这种方法是通过在一台高性能的主机上挂载多块磁盘形成一个阵列，然后通过数据镜像、数据分条和奇偶校验等技术，将一个文件或其数据切片存放到多块磁盘上形成冗余。

云存储系统通常是通过大量的普通廉价主机构建成集群，甚至是跨地域的多个数据中心，来提供并行读/写和冗余存储，从而达到高吞吐量和高可靠性。云存储系统从实际失效数据分析和建立统计模型着手，寻找软硬件失效规律，根据不间断的服务需求设计多种冗余编码模式，并据此在系统中构建具有不同容错能力、存取和重构性能等特性的功能区。通过负载、数据集和设备在功能区之间自动匹配和流动，实现系统内数据的最优化布局，并在站点之间提供全局精简配置和公用网络数据及带宽复用等高效容灾机制，从而提高系统的整体运行效率，满足高可靠性要求。

6．高可用性

云存储服务可以为在不同时区的用户提供服务并保证 7×24 小时服务。云存储方案中包括多路径、控制器、不同光纤网、端到端的架构控制/监控和成熟的变更管理过程，从而大大提高了云存储的可用性。另外，云存储服务按照 CAP 理论在不影响应用使用正确性的前提下，通过适当放松对数据一致性的要求来提高数据的可用性。

7．安全性

与传统的存储系统相比，云存储对于一个企业和个人来讲已经没有一个物理边界。所有云存储服务间传输以及保存的数据都有潜在被截取或篡改的隐患。云存储服务都需要在数据传输过程中，以及在云服务中心保存时采用加密技术来限制对数据的访问。另外，云存储系统还采用数据分片混淆存储作为实现用户数据私密性的一种方案。

8．规范化

2010 年 4 月 SNIA 公布了云存储标准——CDMI 规范，其提供了数据中心利用云存储的方式。尽管 SNIA 号称可以使大多数非云存储产品访问方式演进成云存储访问，但是 CDMI 并没有提供可靠性和质量来衡量云存储服务提供商质量的方式。并且，业界并没有大量采用 CDMI 规范。市场现有的云存储服务平台，包含 Amazon S3、Google Drive、Microsoft Azure 都是采用了自己的私有接口规范。因此，云存储数据管理的规范化工作还需进一步努力。

习题

1.1 什么是分布式文件系统？

1.2 什么是云存储？

1.3 云存储与传统存储方式的主要差异有哪些？

1.4 描述云存储的主要特点。

PART 2

第 2 章 对象存储系统

主要内容：

- 非结构化数据存储
- 对象存储系统

本章目标：

- 了解非结构化数据的存储要求
- 了解对象存储产生原因
- 了解对象存储系统的特点及价值
- 了解对象存储的应用场景

在本章，我们将首先介绍“结构化数据”和“非结构化数据”的概念及其特点，然后介绍 3 种不同类型的存储系统：块存储系统、文件存储系统和对象存储系统，最后描述什么是对象存储系统。

2.1 非结构化数据存储

2.1.1 什么是非结构化数据

如图 2.1 所示，在信息社会，信息可以划分为 3 大类。一类信息能够用数据或统一的结构加以表示，我们称之为结构化数据，如数字、符号；另一类信息无法用数字或统一的结构表示，如文本、图像、声音、网页等，我们称之为非结构化数据。结构化数据属于非结构化数据，是非结构化数据的特例；而所谓半结构化数据，就是介于完全结构化数据和完全无结构的数据之间的数据，HTML 文档就属于半结构化数据。它一般是自描述的，数据的结构和内容混在一起，没有明显的区分。

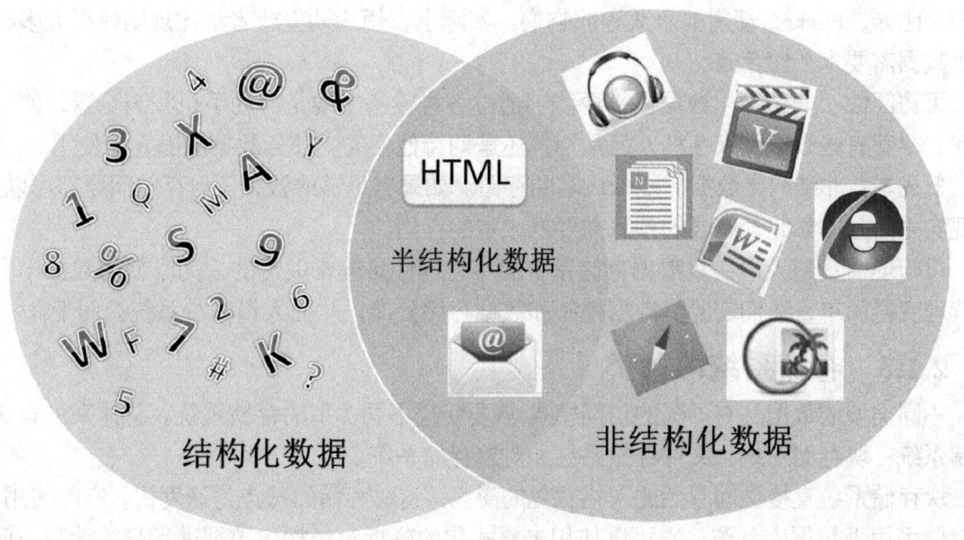

图 2.1　结构化数据与非结构化数据对比

结构化数据就是存储在传统数据库里的数据，也就是说可以用二维表结构来逻辑表达的数据。结合到典型场景中更容易理解，比如企业 ERP、财务系统、医疗数据库、教育一卡通、政府行政审批、其他核心数据库等。这些应用对存储方案的需求包括高速存储应用需求、数据备份需求、数据共享需求以及数据容灾需求。

相对于结构化数据而言，不方便用数据库二维逻辑表来表现的数据即称为非结构化数据，包括所有格式的办公文档、文本、图片、XML、HTML、各类报表、图像和音频/视频信息等。也就是说，数据没有数据模型，以文件形式存储，而不是存放在数据库系统。具体到典型案例中，比如医疗影像系统、教育视频点播、视频监控、国土 GIS 、设计系统、文件服务器（PDM/FTP）、媒体资源管理等具体应用，这些行业对于存储的需求包括数据存储、数据备份以及数据共享等。

半结构化数据，包括邮件、HTML、报表、资源库等，典型场景如邮件系统、WEB 集群、教学资源库、数据挖掘系统、档案系统等。这些应用有数据存储、数据备份、数据共享以及数据归档等基本存储需求。

2.1.2　非结构化数据的存储要求

随着网络技术的发展，特别是 Internet 和 Intranet 技术的飞快发展，非结构化数据的数量日趋增大。这些非结构化数据的绝大部分是来自不断扩散的照片、录像、电子信、文档、IM 等，用户产生和使用的数据也比任何时候都多。据统计，2012 年底 Facebook 的用户每天上传 3.5 亿张新照片，一个月将产生 7 个 PB 数据。IDC 的一项调查报告指出：企业中 80%的数据都是非结构化数据，这些数据每年都按指数增长 60%。报道指出:平均只有 1%～5%的数据是结构化的数据。如今，这种迅猛增长的从不使用的数据在企业里消耗着复杂而昂贵的一级存储的存储容量。如何更好地保留那些在全球范围内具有潜在价值的不同类型的文件，而不是因为处理它们却干扰日常的工作？这时，主要用于管理结构化数据的关系数据库的局限性暴露得越来越明显。

非结构化数据存储需要保证持续性、可访问性、低成本以及可管理性。

持续性：尽管你可能再也不会去看你过去度假的照片，但是为用户提供照片存储服务的公司，比如，Flickr，却需要永久存放它们。实际上，用户期望或者法律规则使得大多数非结构化数据需要永久性存储。

可访问性：非结构化数据还需要能够通过各种设备主要是移动手机和浏览器，实现即时访问。尽管有些数据可以存档，但是用户还是期待他们的大部分数据能够立即使用。

低成本：非结构化数据需要低成本的存储。如果有足够的钱，任何存储问题都可以解决，但现实生活并非如此，有限的预算需要低成本的存储。

可管理性：超大型在线数据存储系统的可管理性是非常关键的。为了使得数据中心的数据管理变得简单，我们需要将数据控制和数据存储分离，从而大量减少系统管理工作。

2.1.3 存储系统的种类

不同类型的数据具有不同的访问模式,需要使用不同类型的存储系统。总体来讲有 3 大类存储系统：块存储系统、文件存储系统和对象存储系统。

块存储系统直接访问原始的未格式化的磁盘。这种存储的特点是速度快，空间使用率高。块存储多用于数据库系统，它可以使用未格式化的磁盘对结构化数据进行高效读写。而数据库最适合存放的是结构化数据。

文件存储是最常用的存储系统。文件存储系统使用格式化的硬盘，为用户提供了文件系统的使用界面。当你在计算机上打开和关闭文档的时候，所看到的就是文件系统。尽管文件系统在磁盘上提供了一层有用的抽象，但是它并不适合于管理大量的数据，或者超量使用文件中的部分数据。

对象存储可能是大家最不熟悉的存储系统。对象存储不提供对未格式化数据模块的访问，也不提供基于文件系统的访问，而是提供对整个对象（Object）的访问。一般来讲，通过特定的 API 对其进行访问。对象存储的优势在于它可以存放无限增长的内容，最适合用来存储包含备份、存档、静态 web 页面、视频、照片等非结构化或半结构化的数据。除此之外，对象存储还具有低成本、高可靠的优点。

2.1.4 传统的共享存储方法的缺点

首先我们来简单分析一下现有的共享存储系统。

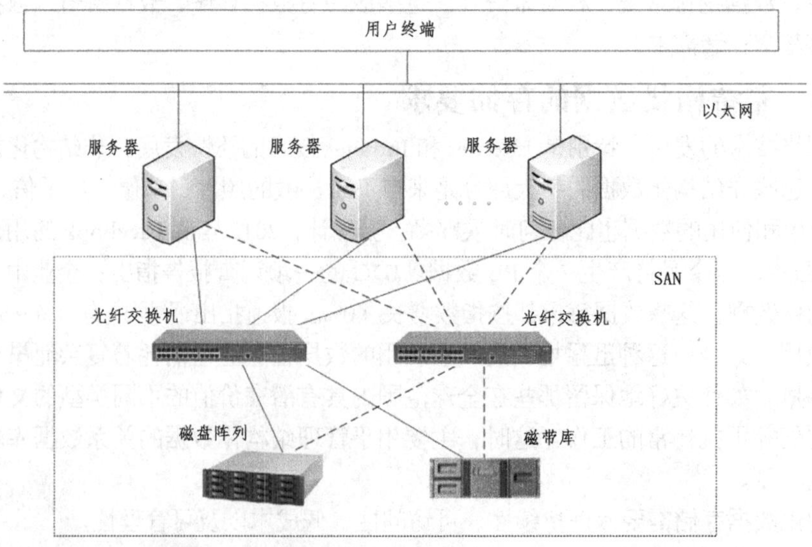

图 2.2　SAN 结构

第一是文件服务器。它将磁盘阵列（RAID）直接连接到网络系统中的服务器上，这种形式的网络存储结构称为 DAS（Direct Attached Storage）。这种结构中，各类存储设备通过 IDE 或 SCSI 等 I/O 总线与文件服务器相连。集群节点的数据访问必须通过文件服务器，然后经过 I/O 总线访问相应的存储设备。当连结节点数增多时，I/O 总线将会成为一个潜在的瓶颈，因此这种存储方式只适用于小规模的集群系统，大一些的集群需要更具扩展性的存储系统。

存储区域网（Storage-Area Networks，SAN）是一种类似于普通局域网的高速存储网络，通常由 RAID 连接光纤通道组成。SAN 和集群节点的数据通信通常由 SCSI 命令，而不是通过网络协议实现（见图 2.2）。

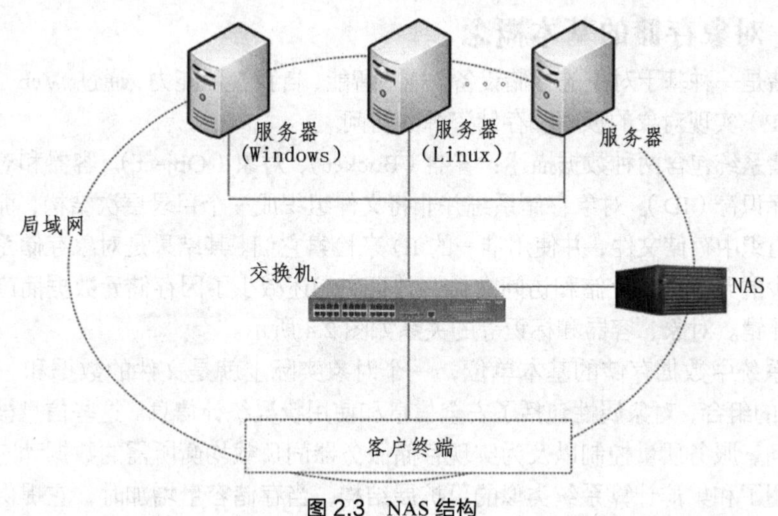

图 2.3　NAS 结构

在网络附加存储（Network-Attached Storage，NAS）结构中，存储系统不再通过 I/O 总线附属于某个特定的服务器或客户机，而是通过网络接口与网络直接相连，集群节点通过网络协议（如 TCP/IP）对共享数据进行访问（见图 2.3）。

存储区域网（SAN）和优化后的直接网络存储，或者网络附加存储（NAS）结构被用于中等规模的集群系统。然而，当集群变得庞大时，这些结构都存在着严重的缺陷。面对众多集群计算应用系统的高并发性和单节点高吞吐需求，无论是 SAN，还是 NAS 结构都显得力不从心。由于这两方面的局限，在实际应用中，人们不得不采用数据"搬家"的策略。首先将数据从共享存储系统搬到计算节点上进行处理，处理结束后，再将计算结果从计算节点搬回共享存储系统。在大规模的集群系统上，很多应用程序为了这样的搬家需要花费几个小时，甚至更多时间。

2.2　对象存储系统

2.2.1　对象存储的产生

随着互联网、Web2.0 的快速发展，Web 应用创建出数百亿的小文件，人们上传海量的照片、视频、音乐，Facebook 每天都新增数十亿条内容，人们每天发送数千亿封电子邮件。据 IDC 统计在未来 10 年间数据将增长 44 倍，到 2020 年全球数据将增加到 35ZB，其中 80%是非结构化数据，且大部分是非活跃数据。

面对如此庞大的数据量，仅具备 PB 级扩展能力的块存储（SAN）和文件存储（NAS）显得有些无能为力，通常块存储（SAN）的一个 LUN 容量仅数 TB。单个文件系统最优性能情况下支持的文件数量通常只在百万级别。人们需要一种全新架构的存储系统，这种存储系统需要具备极高的可扩展性，能够满足人们对存储容量 TB 到 EB 规模的扩展的需求。

2002 年安然、世界通信等事件的接连爆发导致萨班斯法案推出，对象存储被用于政府法规要求数据长期保存，如金融服务、健康医疗等行业的数据归档场景，对象存储由此具备了备份归档的基因。

2006 年 Amazon 发布 AWS 的 S3 服务及其使用的 REST、SOAP 访问接口成为对象存储的事实标准。Amazon S3 成功为对象存储注入云服务基因。

2.2.2 对象存储的基本概念

对象存储是一种基于对象的存储设备，具备智能、自我管理能力，通过 Web 服务协议（如 REST、SOAP）实现对象的读写和存储资源的访问。

对象存储系统包含两种数据描述：容器（Bucket）、对象（Object）。容器和对象都有一个全局唯一的标识符（ID）。对象存储系统并非将文件组织成一个目录层次结构，而是在一个扁平化的容器组织中存储文件，并使用唯一的 ID 来检索它们。其结果是对象存储系统相比文件系统需要更少的元数据来存储和访问文件，并且它们还减少了因存储元数据而产生的管理文件元数据的开销。对象、容器和标识等的关系如图 2.4 所示。

对象是系统中数据存储的基本单位，一个对象实际上就是文件的数据和一组属性信息（Meta Data）的组合，对象属性包括了安全信息和使用状况统计信息。这些信息被用于基于安全认证的访问、服务质量控制以及为实现存储服务器间负载均衡所需的数据动态分配。对象存储技术采用了和集群计算系统类似的可扩展结构，当存储容量增加时，它提供的均衡模型能够保证网络带宽和处理能力也同步增长，从而确保系统的可扩展性。在对象存储系统中，所有对象都有一个对象标识，通过对象标识来访问该对象。

容器用来把对象进行分组。每个对象必须也只能属于一个容器。容器也有一个唯一的标识符（ID），用来检索该容器。

对象存储采用扁平化结构管理所有数据，用户/应用通过接入码（AccessKey）认证后，只需要根据 ID 就可以访问容器/对象及相关的数据（Data）、元数据（Metadata）和对象属性（Attribute）。

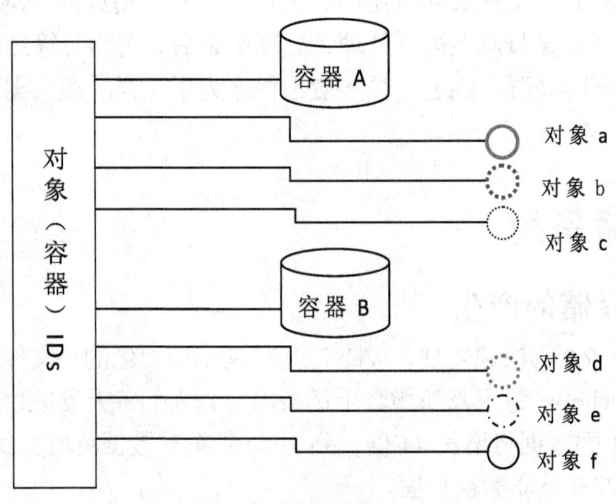

图 2.4 对象存储数据组织

2.2.3 对象存储的关键特性与价值

对象存储对外提供更抽象的对象接口，而不是 SCSI 或文件接口。与 SAN 存储以逻辑扇区为单位的较细粒度的固定 I/O（512B~4KB）不同，对象存储 I/O 粒度更有弹性，可以支持几个字节（Byte）到数万亿字节（TB）范围内的任意对象大小，使得业务可根据需要灵活地分割数据。

对象存储以对象 ID 为基础，扁平化的管理所有对象和容器，根据对象 ID 便可直接访问数据，解决了 NAS 复杂的目录树结构在海量数据情况下的数据查找耗时长的问题，这使得对象存储具备极强的扩展性，能够轻松实现单一名字空间内支持百亿级文件的存储。

在重复数据删除、绿色节能等特性基础上，为了更好地满足海量数据存储和公众云服务需求，对象存储系统还包括如下一些关键特性。

超强的扩展性：扁平化的数据结构允许对象存储容量从 TB 级扩展到 EB 级，管理数十个到百亿个存储对象，支持从数字节（Byte）到数万亿字节（TB）范围内的任意大小对象，解决了文件系统复杂的 iNode 机制带来的扩展性瓶颈，并使得对象存储无需像 SAN 存储那样管理数量庞大的逻辑单元号（LUN）。对象存储系统通常在一个横向扩展架构上构建一个全局的命名空间，这使得对象存储非常适合在云计算环境中使用。某些对象存储系统还可支持升级、扩容过程中业务零中断。

基于策略的自动化管理：由于云环境中的数据往往是动态、快速增长的，所以基于策略的自动化将变得非常重要。对象存储支持从应用角度基于业务需求设置对象/容器的属性（元数据）策略，如数据保护级别、保留期限、合规状况、远程复制的份数等。这使得对象存储具备云的自服务特征同时，有效地降低运维管理的成本，使得客户在存储容量从 TB 增长到 ZB 时，运维管理成本不会随之飙升。

多租户：可以使用同一种架构、同一套系统为不同用户和应用提供存储服务,并分别为这些用户和应用设置数据保护、数据存储策略，确保这些数据之间相互隔离。

数据完整性和安全性：对象存储系统一般使用连续后台数据扫描、数据完整性校验、自动化对象修复等技术。新型技术的应用可以大大提高数据的完整性和安全性。某些对象存储产品还引入了一些先进的算法（如擦除码 Erasure Code）和技术将数据切分为多个分片，然后将这些分片存储到不同的设备/站点，在确保数据的完整性的同时获取最高的存储利用率。

2.2.4 对象存储的主要应用场景

对象存储系统的出现主要是为了满足数据归档和云服务两大需求，我们对这两种场景可进行进一步的细化。

存储资源池：使用对象存储构建类似 Amazon S3 的存储空间租赁服务，向个人、企业或应用提供按需扩展的弹性存储服务。用户向资源池运营商按需购买存储资源后，基于 Web 协议访问和使用存储资源，而无需采购和运维存储设备。多租户模型将不同的用户的数据隔离开来，确保用户的数据安全。

网盘应用：在海量存储资源池基础上，使用图形用户界面（GUI）实现对象存储资源的封装，向用户提供类似 DropBox 的网盘业务。用户可通过 PC 客户端、手机客户端、Web 页面完成数据的上传、下载、管理与分享。在网盘帮助下个人和家庭用户能够实现数据安全、持久的保存和不同终端之间的数据同步。企业客户通过网盘应用可实现更高效的信息分享、协同办公和非结构化数据管理，同时企业网盘还可用于实现低成本的 Windows 远程备份，确保企业数据安全。

集中备份：在大型企业或科研机构中，对象存储通过与 CommVault Simpana、Symantec NBU 等主流备份软件结合，可向用户提供更具成本效益、更低 TCO 的集中备份方案。相对原有的磁带库或虚拟磁带库等备份方案，重复数据删除特性能够帮助用户减少低设备采购；智能管理特性使得备份系统无需即时维护，从而降低 CAPEX 和 OPEX；分布式并行读写带来的巨大吞吐量和在线/近线的存储模式有效降低 RTO 和 RPO。

归档和分级存储：对象存储通过与归档软件、分级存储软件结合，将在线系统中的数据无缝归档/分级存储到对象存储，释放在线系统存储资源。对象存储提供几乎可无限扩展的容量、智能管理能力，帮助用户降低海量数据归档的 TCO。对象归档采用主动归档模式使得归档数据能够被按需访问，而无需长时间的等待和延迟。

习题

2.1 什么是结构化、半结构化和非结构化数据？
2.2 简述传统存储系统的分类。
2.3 非结构化存储的主要需求有哪些？为什么传统的存储系统不能满足这些需求？
2.4 什么是对象存储系统？
2.5 对象存储系统的主要特点是什么？

PART 3

第 3 章 Swift 简介

主要内容：

- Swift 发展历史
- Swift 的特性
- Swift 应用场景
- CAP 理论简介

本章目标：

- 理解 Swift 的几个关键特性
- 理解 Swift 典型应用
- 了解什么是 CAP 理论
- 掌握 CAP 理论在存储方面的实际应用

在这一章，我们将对 Swift 的开发历史做个简单介绍，并讨论 Swift 的基本特性以及它对开发者和运营者的好处。

3.1 Swift 的开发历史

OpenStack Object Storage（Swift）是 OpenStack 开源云计算项目的子项目之一，被称为对象存储，提供了强大的扩展性、冗余性和持久性。2009 年，一组在 RackSpace 工作的开发者和工程师针对快速增长的数据而开始 Swift 的研发。经过一年多的努力，他们开发出了一个可以替代原有存储系统的对象存储系统。Swift 的目标是创建一个类似于 Amazon 的 S3（Simple Storage Service）的可以运行在云计算环境下的简单存储系统，能够存储 PB 级的数据并且高度可用。

2010 年 7 月，RackSpace 将 Swift 的代码贡献给了 OpenStack 社区，至此，Swift 成为了一个开源的超量存储系统。

3.2 Swift 的特性

Swift 不是一个传统的文件系统，也不是一个块存储系统，而是一个可以存放大量非结构化数据的、支持多租户的、可以高扩展的持久性对象存储系统。Swift 通过 REST API 来存放、检索和删除容器中的对象。开发者可以直接通过 Swift API 使用 Swift 服务，也可以通过多种语言的客户库程序中的任何一个进行使用，比如 Java、Python、Ruby、PHP 和 C#。

与传统的存储系统不同，Swift 采用的是“数据最终一致”的设计思想。这种设计使得 Swift 可以支持极大数量的并发连接和超量的数据集合。Swift 使用普通的服务器来构建强大的具有扩展性、冗余性和持久性的分布式对象存储集群，存储容量可达 PB 级。高扩展指的是它可以从少数几个存储节点和磁盘驱动器扩展到可以存放 PB 级数据的几千个存储节点。Swift 可以进行横向扩展，没有单点故障。下面我们将介绍 Swift 最关键的几个特点和功能。

3.2.1 极高的数据持久性

数据持久性（Durability），也可以理解为数据的可靠性，是指数据存储到系统中后数据丢失的可能性。从理论上测算，Swift 在数据复制 3 份的情况下，数据持久性的 SLA 能达到 10 个 9，也就是 99.99999999%。

Swift 独特的、分布式的架构设计，使其具有极高的数据持久性。为了达到这个级别的数据持久性，每个对象都会在集群存放 3 个（缺省值）副本。当进行写操作的时候，只有当其中至少 2 个副本完成，一个写操作才算成功。运行在后台的审计进程用来保证存储的数据不会出故障，而复制进程则保证每个对象在集群中有足够的副本。当一个设备出现故障的时候，数据将会复制到集群的其他地方，以确保集群仍然有 3 份好的副本。

另外，Swift 所具有的可以定义故障区域的能力也可以大大提高数据持久性。故障区域使得一个集群可以跨物理边界进行部署，每个故障区域之间是不关联的，不会因为一个故障区域而影响到另外一个。也就是说，如果把一个集群部署到多个相邻的数据中心，那么即使其中的几个数据中心出现故障，也不会影响 Swift 集群的正常工作。

3.2.2 可扩展性

Swift 可以根据数据存储量和用户量进行线性扩展。它可以从几个节点和存储驱动器扩展到 PB 级数据容量的上千个节点，并且系统的性能不会随着访问量的增加以及存储量的扩大而下降。当存储需求增加的时候可以通过添加存储节点来扩展存储容量，当用户请求量增加的时候可以在造成网络瓶颈处通过添加代理节点来扩展网络容量。

Swift 的可扩展性有两方面，一是数据存储容量无限可扩展，二是 Swift 性能（如 QPS、吞吐量等）可线性提升。另外，由于 Swift 架构采用完全对称设计，扩容只需简单地添加机器，系统会自动完成数据迁移等工作，促使各存储节点重新达到平衡状态。

3.2.3 高并发

对于一个存储系统来讲，为了能够满足 Web 应用的需要，只有大量的存储空间是不够的，更重要的是存储系统可以支持高度的并发性。Swift 通过采用“无共享”（share-nothing）方法以及其他经过实际验证的高可用技术来提高处理高并发的能力。

3.2.4 完全对称的系统架构

“对称”是指 Swift 中各节点完全对等，从而极大地降低系统维护成本。在互联网业务大规模应用的场景中，存储的单点故障一直是个难题。例如，数据库，一般的 HA 方法只能做主从，并且“主”一般只有一个。还有一些其他开源存储系统的实现，元数据信息的存储一直以来是个头痛的地方，一般只能单点存储，而这个单点很容易成为瓶颈，这个点一旦出现差异，往往影响到整个集群， 典型的如 HDFS。而 Swift 的元数据存储是完全均匀随机分布的，并且与对象文件存储一样，元数据会存储多份。另外，整个 Swift 集群中没有一个角色是单点的，并且在架构和设计上保证无单点业务。

3.2.5 硬件设备要求低

Swift 的设计包含了对故障的处理，集群中单个设备的可靠性就变得不那么重要了，它可以运行在普通的硬件设备上。Swift 集群可以使用普通桌面机的磁盘驱动器，而不需要使用高端的“企业级”磁盘驱动器，可以根据应用程序对错误的容忍度以及更换故障设备的能力，来选用不同质量和配置的硬件。

3.2.6 开发的友好性

Swift 给应用开发者带来了很多好处。Swift 可以通过互联网直接使用，可以同时为多个应用提供数据存储服务。这样的方式可以使开发者专注于应用的开发，而不需要关心数据的存储问题。同时，开发者可以使用越来越多的开源数据和库程序。除了核心功能，Swift 还具有许多灵活方便的小功能。

1．静态网站托管

用户可以直接使用 Swift 来托管静态网站，包含 JavaScript 和 CSS。另外，Swift 还可以提供错误信息页面和自动生成的对象列表。

2．自动作废对象

Swift 可以设置对象有效期限，超过期限后它们将不能继续使用，并被删除。该功能的主要目的在于防止过期数据被错误使用以及遵守相关数据保存政策。

3．有时间期限的 URL

Swift 可以生成具有时间期限的 URL。这些 URL 可以给没有权限的用户提供临时写操作，而不需要把密码告诉对方。

4．资源限量

Swift 可以针对容器和账号来设置存储空间的上限。

5．直接通过 HTML 表格上传

用户可以通过 HTML 表格直接向 Swift 上传数据，而不需要通过代理节点。

6．版本控制

当用户上传一个新版本对象的时候，所有旧版本均可保留。

7．多区域读

用户可以通过一个读请求来读取对象的一个或多个区域。

8．访问控制列表

用户可通过设置数据的访问权限来控制其他用户对数据的读写。

3.2.7 管理友好性

Swift 之所以能引起 IT 管理者的关注在于它可以利用低价的、标准的服务器和磁盘满足高性能高容量的存储要求。使用 Swift 我们可以便捷管理更多的数据，使用场景、部署新的应用也变得更加简单快捷。最后，Swift 高持久性架构能有效避免蝴蝶效应，简单体现在架构优美，代码整洁，实现易懂，没有用到一些高深的分布式存储理论，而是很简单的原则。可依赖是指 Swift 经测试、分析之后，人们可以放心地将 Swift 用于最核心的存储业务上，而不用担心 Swift 会出现任何安全漏洞，因为所有问题都能通过日志、代码阅读迅速解决。

3.3 Swift 应用场景

Swift 提供的服务与 Amazon S3 相同，适用于许多应用场景，特别适合于存放各种非结构化数据，如文档、Web 页面、备份、图片、GIS 数据和虚拟机快照。因此，Swift 可以供各类企业、服务提供商及研究机构使用。

Swift 最典型的应用是作为存储引擎,比如 DropBox 背后就是使用 Amazon S3 作为支撑的。在 OpenStack 中还可以与镜像服务 Glance 结合，为其存储镜像文件。另外，由于 Swift 的无限扩展能力，其也非常适合用于存储日志文件和数据备份仓库。

3.3.1 常见案例介绍

Swift 能用于支持多种用例，如内容存储和分发。它提供了一个高持久性、高可用性的存储服务，不论是 Web 应用，还是媒体文件。它可以帮助你将整个存储基础设施迁移到云上。之后，你便可以利用 Swift 的高扩展性以及按时付费的特点来掌控你不断增长的存储需求。你可以直接从 Swift 分发你的内容，也可以将 Swift 作为存储源将内容推送到其他云应用节点。

在传统的存储系统下，如果需要和企业外部的客户共享数据，要么需要给用户复制一份，而这只有在数据量不大比较容易复制时才可以。要么是你在其他地方有数据的存储副本，但这会带来存储容易而浪费存储空间。Swift 提供了一个实用的解决方案可以允许客户在给定时间内共享数据。例如，若你的媒体内容存放在内部，但你需要向你的客户、渠道合作伙伴或员工提供一些辅助功能，那么 Swift 就是一种很合适的、低成本的提供存储和共享的解决方案。

3.3.2 存储用于数据分析

无论你存储的数据是为了医药数据的分析、财务数据的计算和定价，或是照片的大小调整，Swift 都是存储的理想选择。当你把数据存储到 Swift 中后，你可以将这些数据发送到 OpenStack 云平台进行计算、调整或者更大规模的分析，而不用承担任何数据传输费用。并且，当分析或处理结束后，你可以利用 Swift 再来选择存储产生的内容。

3.3.3 备份、归档和灾难恢复

Swift 对于关键数据的备份和归档提供了一个高持续性、高扩展性和高安全性的解决方案。你可以利用 Swift 的版本控制能力进一步保护你的存储数据。如果你存储的是大型数据集，那么，你可以利用 Swift 的导入/导出服务极大地提高传输速率，而这无疑是大规模数据进行定期备份、快速检索以及灾难恢复的一种理想方案。你还可以定义规则用于归档存储服务对象。随着数据存储的时间，通过这些规则将确保数据会自动存储到相应的存储选项，以保证成本效益的最大化。

3.3.4 静态网站托管

Swift 可以承载你的整个静态网站，并具有规模弹性伸缩的功能，是一种廉价的、高度可用的托管解决方案。Swift 能够提供不依赖于硬件的可靠的峰值流量处理能力。其可用性达到 99.99%，持久性达到 99.999999999%。Swift 的网站托管能力对静态内容，如 html 文件、虚拟机镜像、视频、JavaScript 等提供了理想的解决方案。

3.4 CAP 理论简介

我们希望有一个能够满足所有需求的存储系统，但这并不现实。存储系统不得不在各种需求和适用场景中做各种平衡。

3.4.1 CAP 理论

2000 年，Eric Brewer 教授指出了著名的 CAP 理论，后来 Seth Gilbert 和 Nancy Lynch 两人证明了 CAP 理论的正确性。CAP 理论告诉我们，一个分布式系统不可能同时满足一致性（Consistency）、可用性（Availability）和分区容错性（Partition Tolerance）这 3 个需求，最多只能同时满足两个。

一致性（Consistency）：系统在执行过某项操作后仍然处于一致的状态。在分布式系统中，更新操作执行成功后所有的用户都应该读取到最新的值，这样的系统被认为具有一致性。

可用性（Availability）：每一个操作总是能够在一定的时间内返回结果，"一定时间内"是指，系统的结果必须在给定时间内返回，如果超时则被认为不可用。

分区容错性（Partition Tolerance）：除了整个网络的故障外，其他的故障（集）都不能导致整个系统无法正确响应。分区容错性可以理解为系统在存在网络分区的情况下仍然可以接受请求（满足一致性和可用性）。这里网络分区是指由于某种原因网络被分成若干个孤立的区域，而区域之间互不相通。

3.4.2 一致性种类

由于异常会发生，分布式存储系统设计时往往会将数据冗余存储多份，每一份称为一个副本（replica）。这样，如果某一个节点出现故障，就可以从其他副本上读到数据。实际上可以说，副本是分布式存储系统容错技术的唯一手段。但是，由于多个副本的存在，如何保证副本之间的一致性就成了整个分布式系统的核心问题。

一致性可以从两种视角去看待它。第一种是客户或者开发者的视角，即客户端读写操作是否符合某种特性。此种情况下，客户或者开发者更加关注的是如何观察到系统的更新。另外一种视觉是服务器端视觉，即存储系统的多个副本之间是否一致，更新的顺序是否相同，等等。此种情况下，主要关注的是更新操作如何在系统中得到执行，以及系统对更新操作提供什么样的一致性保证。

我们通过以下的场景来描述一致性种类，这个场景中包括一个存储系统和 3 个进程 A、B、C。存储系统可以理解为一个黑盒子，为我们提供了可用性和持久性的保证。A、B 以及 C 主要实现对存储系统的 Write 和 Read 操作，并且它们之间是相互独立的。

1．客户端一致性

从客户端的角度来看，一致性包含如下 3 种情况。

强一致性：假如 A 先写入了一个值到存储系统，存储系统保证后续 A、B、C 的读取操作都将返回最新值。

弱一致性：假如A先写入了一个值到存储系统，存储系统不能保证后续A、B、C的读取操作能读取到最新值。

最终一致性：最终一致性是弱一致性的一种特例。假如A首先写了一个值到存储系统，存储系统保证如果在A、B、C后续读取之前没有其他写操作更新同样的值的话，最终所有的读取操作都会读取到A写入的最新值。此种情况下有一个"不一致性窗口"的概念，它特指从A写入值，到后续操作A、B、C读取到最新值这一段时间。

2．服务器端一致性

从服务器端的角度看，一致性主要包含如下几个方面。

副本一致性：存储系统的多个副本之间的数据是否一致，不一致的时间窗口等。

更新顺序一致性：存储系统的多个副本之间是否按照相同的顺序执行更新操作。

一般来说，存储系统可以支持强一致性，也可以为了性能考虑只支持最终一致性。为了说明服务器端一致性要求，我们首先要明确几个概念。

N：同一数据副本的总个数。

W：更新数据的时候需要确认更新成功的数据副本的个数。

R：读取数据的时候读取的数据副本的个数。

如果 $W+R>N$，那么分布式系统就会提供强一致性的保证，因为读取数据的副本和被同步写入的副本是有重叠的。假如 $N=2$，那么 $W=2$，$R=1$ 此时是一种强一致性,但是这样造成的问题就是可用性的减低，因为要想写操作成功，必须要等 2 个数据副本都完成以后才可以。

在分布式系统中，一般都要有容错性，因此一般 N 都是大于或等于 3 的。此时根据CAP理论，一致性、可用性和分区容错性最多只能满足两个，那么我们就需要在一致性和可用性之间做一个平衡。如果要高的一致性，那么就配置 W=N，R=1,这个时候可用性就会大大降低。如果想要高的可用性，那么此时就需要放松一致性的要求，此时可以配置 $W=1$，这样使得写操作延迟最低，同时通过异步的机制更新剩余的 $N-W$ 个节点。

当分布式系统保证的是最终一致性时，存储系统的配置一般是 $W+R<=N$，此时读取和写入操作是不重叠的，不一致性的窗口就取决于存储系统的异步实现方式，不一致性的窗口大小也就等于从更新开始到所有的节点都异步更新完成之间的时间。

3.4.3 CAP理论的应用

CAP是在分布式环境中设计和部署系统时所要考虑的3个重要的系统需求。根据CAP理论，数据共享系统只能满足这3个特性中的两个，而不能同时满足全部3个条件。因此系统设计者必须在这3个特性之间做出权衡。

在CAP理论的指导下，架构师或者开发者应该清楚，当前架构和设计的系统真正的需求是什么？系统到底关注的是可用性，还是一致性的需求。如果系统关注的是一致性（比如银行记账系统），那么对可访问性和分区容错性的要求必须有一个需要降低。而如果关注的是可用性，那么你就需要接受偶然的不一致性，应该知道系统的Read操作可能不能精确地读取到Write操作写入的最新值。因此，系统的关注点不同，相应的策略也是不一样的，只有真正地理解了系统的需求，才有可能利用好CAP理论。

而对于分布式数据系统，一般来讲分区容错性是基本要求，否则就失去了价值。因此设计分布式数据系统，就是在一致性和可用性之间取一个平衡。对于大多数 Web 应用，其实并不像银行系统那样需要很强的一致性，因此牺牲一致性而换取高可用性，是目前多数分布式数据系统的方向。

但是，牺牲一致性，并不是完全放弃数据的一致性，否则系统中的数据将是混乱的，那么系统可用性再高，分布式再好也没有了价值。牺牲一致性，只是不再要求数据的强一致性，而是只要系统能达到最终一致性即可，考虑到客户体验，这个最终一致的时间窗口，要尽可能地对用户透明，也就是需要保障“用户感知到的一致性”。通常是通过数据的多份异步复制来实现系统的高可用和数据的最终一致性的，“用户感知到的一致性”的时间窗口则取决于数据复制到一致状态的时间。

在系统开发过程中，根据 CAP 理论，可用性和一致性在一个大型分区容错的系统中只能满足一个，因此为了高可用性，我们必须放低一致性的要求，但是不同的系统保证的一致性还是有差别的，这就要求开发者要清楚自己用的系统提供什么样的最终一致性的保证。一个非常流行的例子就是 Web 应用系统，在大多数的 Web 应用系统中都有“用户可感知一致性”的概念，这也就是说最终一致性中的“一致性窗口”大小要小于用户下一次的请求，在下次读取操作来之前，数据可以在存储的各个节点之间复制。

CAP 理论的表述很好地服务了它的目的，即开阔设计师的思路，在多样化的取舍方案下设计出多样化的系统。在过去的十几年里确实涌现了不计其数的新系统。Swift 存储系统的目的是为处理大量非结构化数据的应用服务。根据应用的需求，Swift 只提供“最终一致性”，而不是“强一致性”。按照 CAP 理论，Swift 牺牲了一致性，从而提高了可用性和分区容错性。

习题

3.1 Swift 的主要特点有哪些？

3.2 CAP 理论的核心是什么？

3.3 什么是系统可用性？

3.4 什么是系统分区容错性？

3.5 什么是系统的一致性、强一致性和最终一致性？

PART 4

第 4 章 Swift 的工作原理

主要内容：

- Swift 核心概念
- Swift 整体架构
- Swift 工作原理
- Swift 使用场景

本章目标：

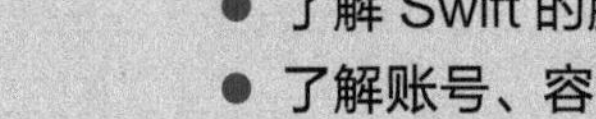

- 了解 Swift 的服务请求是如何实现的
- 了解账号、容器和对象之间的关系及各自特点
- 会运用针对对象和容器的上传、下载、显示操作
- 能画出 Swift 整体架构
- 掌握对象、容器和账号 3 种存储服务器的区别
- 掌握 Swift 的工作原理
- 能描述出节点、虚节点、环的关系

在本章，我们首先对 Swift 的核心模块和术语进行解释，然后讲解 Swift 的整体架构，接着我们将深入阐述 Swift 的工作原理。为了帮助大家加深对 Swift 的理解，我们还将通过几个使用场景来展示这些模块是如何相互配合工作的。最后，我们会对 Swift API 做个简单的介绍。

4.1 核心概念

本节我们介绍 Swift 的几个核心概念，包含账号、容器和对象等，它们之间的关系如图 4.1 所示。

4.1.1 Swift URL

对 Swift 的服务请求都是通过 REST API 用 URL 的方式进行的。一个 Swift URL 包含 3 部分：账号、容器名、对象名，如：https://swift.acgn.com/v1/account/container/object。

4.1.2 账号（Accounts）

账号代表一个使用存储系统的用户。Swift 通过创建账号使多个用户和应用可以同时并发地使用存储系统。

4.1.3 容器（Containers）

Swift 账号创建和存储数据到各个容器里。容器用来把一个账号所属的对象进行分组。容器类似于文件系统中的目录，对象类似于文件系统中的文件。但是，在 Swift 存储系统中，容器只有一级。

Swift 存储系统的每一个账号都有一个数据库用来记录该账号所包含的所有容器的信息。同样地，每一个容器都有一个数据库用来记录该容器所包含的所有对象的信息。需要指出的是账号数据库内只记录有关容器的信息，比如，容器的名称、容器的创建日期等元数据，而不包含容器的数据。与此相同，容器数据库内只记录有关对象的元数据，而不包含对象的数据。

账号数据库可以用来列出该账号包含哪些容器，而容器数据库可以用来列出该容器包含哪些对象。但是当用户访问容器或对象的时候，并不需要使用这些数据库，而是直接对容器或对象进行访问。

一个Swift账号可以创建的容器的个数是没有限制的。同一个账号内容器的名称必须不同，但是不同账号间的容器名称可以相同。

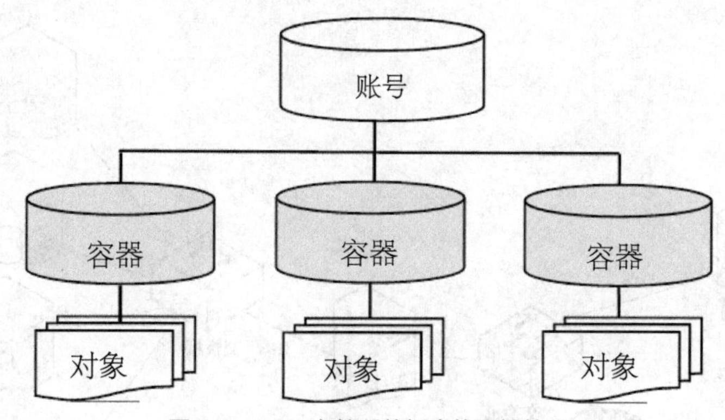

图 4.1　Swift 存储系统概念的逻辑关系

4.1.4 对象（Objects）

对象就是存储在 Swift 系统中的真正的数据。数据可以是照片、录像、文档、日志、数据库备份、文件系统的快照，或者其他非结构化数据。

4.1.5 Swift API

对 Swift 存储系统的请求都是通过 Swift 的 REST API 来进行的。对象的更新、上传、下载和删除都是通过使用 HTTP 协议的 PUT、GET、POST 和 DELETE 来完成的。

要下载一个对象，可以通过对该对象的 URL 发送一个 GET 请求来完成。下面就是一个对象的 URL 举例。

https://swift.acgn.com/v1/account/container/object

要列出一个容器中所有对象的名称，可以通过给该容器的 URL 发送一个 GET 请求来完成。比如：

https://swift.acgn.com/v1/account/container/

要列出一个账号中所有容器的名称，可以通过给该账户的 URL 发送一个 GET 请求来完成。比如：

https://swift.acgn.com/v1/account/

上传对象通过给对象的 URL 发送 PUT 请求来完成。创建容器则是通过给该容器的 URL 发送 PUT 请求来完成的。更改对象和容器的元数据需要通过 POST 请求进行。而删除对象和容器则通过 DELETE 请求来完成。

应用程序可以通过 Swift API 直接和 Swift 存储系统通信，也可以通过相应语言的客户端程序库来使用 Swift 存储系统。几乎所有的比较流行的程序语言都已经有 Swift 的客户端程序库：Java、Python、Ruby、和 C#。

另外，用户也可以使用 Swift 的命令行（CLI）和 Web 界面上传和管理存储在 Swift 系统中的对象。

4.2 Swift 的总体架构

上节我们介绍了 Swift 的 URL，这节我们通过介绍 Swift 的总体架构（见图 4.2）来阐述 Swift 是如何处理这些 URL，如何把一个 URL 转换成 Swift 存储系统中的账号、容器以及对象的。

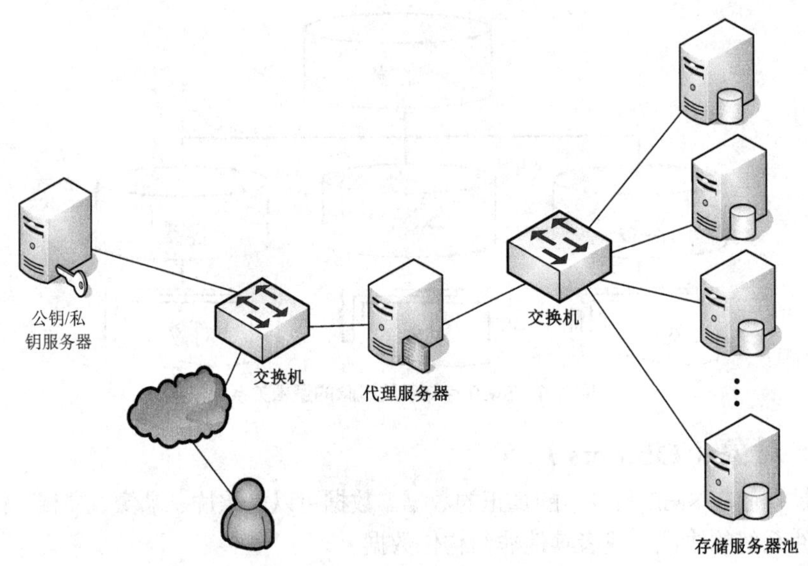

图 4.2 Swift 存储系统的基本模块

Swift存储系统最基本的模块有两个：代理服务器(Proxy Server)和存储服务器(Storage Server)。代理服务器负责把用户请求分发给合适的存储服务器。存储服务器负责存放实际的数据。

4.2.1 代理服务器（Proxy Server）

代理服务器是 Swift 存储系统对外的接口，负责接受和处理对 Swift 的所有请求。代理服务器是一个实现 Swift REST API 的 HTTP 服务器。同时，代理服务器负责 Swift 集群中的其余组件间的相互通信。对于每个客户端的请求，它将在系统中查询账号、容器或者对象的存储位置，然后把请求转发给它们。作为 Swift 存储系统中唯一与客户端进行直接通信的服务器，代理服务器负责调配所有存储服务器，并且回答客户端的请求。进入和离开代理服务器的所有消息都采用的是标准的 HTTP 操作和代号。

每接收到一个请求，代理服务器首先通过请求的 URL 来确定应该把该请求转发给哪个存储节点。代理服务器也负责调配对请求的回答，处理错误以及协调时间戳。

代理服务器采用“服务器间不共享任何信息”（share-nothing）的架构，所以可以很容易地按照预测的负载量进行扩展。对于一个生产环境来讲，应该至少部署两台代理节点来提高可靠性。当一个服务器出现问题的时候，另一个代理服务器还可以响应客户端的请求。

当接收到一条给对象发送的 PUT 命令的时候，代理服务器通过对对象的名字进行 HASH 来确定负责该对象的哪些存储节点，然后把对象的数据并发发送给那些存储节点。如果其中的一个存储节点不可用，代理服务器将会把对象数据写到一个适合的交接（hand-off）节点。如果大多数存储节点都成功完成对数据的存放，代理服务器就回答客户端一个上传成功的信息。

当接收到一条给对象发送的 GET 命令的时候，代理服务器首先确定哪些存储节点保存有该对象的数据，然后逐一给这些节点索要数据。如果第一个存储节点没有能够成功返回对象的数据，代理节点将向下一个存储节点索要，直到得到对象的数据为止。

为了保证数据的持续性，Swift 会对每一个对象的数据存储多份（通常是 3 份）。代理节点负责协调客户端的读写请求，并负责实现对数据读写正确性的保证。当处理客户端的写请求时，代理服务器只有在已经肯定该对象的数据已经成功地存放到大多数存储节点的磁盘后才会给客户端返回成功的信息。

4.2.2 存储服务器（Storage Server）

Swift 的存储服务器为整个存储集群提供磁盘存储空间。Swift 存储系统有 3 类存储服务器：账号、容器和对象（见图 4.3）。账号存储服务器和容器存储服务器提供了对命名空间进行划分和列表的功能。

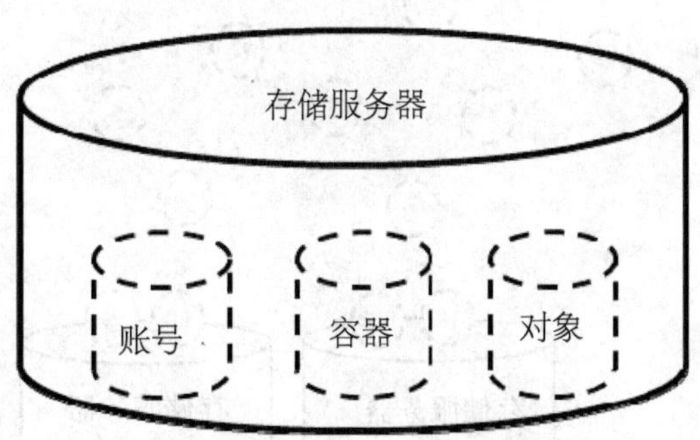

图 4.3 Swift 的存储服务器

1. 账号存储服务器

账号存储服务器提供该账号拥有的所有容器服务器的列表。这些列表是用 SQlite 数据库实现的，并且会在整个系统中存放多个副本。一个账号的数据库记录了该账号拥有的所有容器的清单。一般来讲，一个用户在一个集群里只能使用一个 Swift 账号，并且对该账号的命名空间具有完全的控制权。

2. 容器存储服务器

容器存储服务器的主要工作是处理对象的列表。容器服务器并不知道对象存储在哪里，它只知道该容器里存放有哪些对象。这些对象的信息以 SQlite 数据库文件的形式存储和对象一样，和对象一样，该数据库也在集群上有多个备份。另外，容器存储服务器还做一些跟踪统计，比如对象的总数、容器的使用情况。

3．对象存储服务器

对象存储服务器为对象提供磁盘存储空间。对象存储服务器是一个简单的二进制大对象存储服务器，可以用来存储、检索和删除本地设备上的对象。在 Swift 存储系统中，每个对象作为一个单一文件存放在磁盘上，对象的元数据存放在文件的扩展属性（xattrs）中。这个简单设计的好处是可以把对象的数据和元数据存放在一起，并且可以作为一个单元进行复制。这要求用于对象服务器的文件系统需要支持文件有扩展属性。一些文件系统，如 ext3，它的 xattrs 属性默认是关闭的。

每个对象使用对象名称的哈希值和操作的时间戳组成的路径来存储。最后一次写操作总可以成功，并确保最新一次的对象版本将会被处理。删除也被视为文件的一个版本（一个以“ts”结尾的 0 字节文件，ts 表示墓碑）。这确保了被删除的文件被正确地复制，并且不会因为遭遇故障场景导致早些的版本神奇再现。

4.3 Swift 的工作原理

Swift 存储系统工作原理的核心是虚节点（Partition Space）和“环”（Ring）。虚节点把整个集群的存储空间划分成几百万个存储点，而“环”（Ring）把虚节点映射到磁盘上的物理存储点。复制进程则保证数据会合理地复制到每个虚节点。图 4.4 表示了这个映射过程。

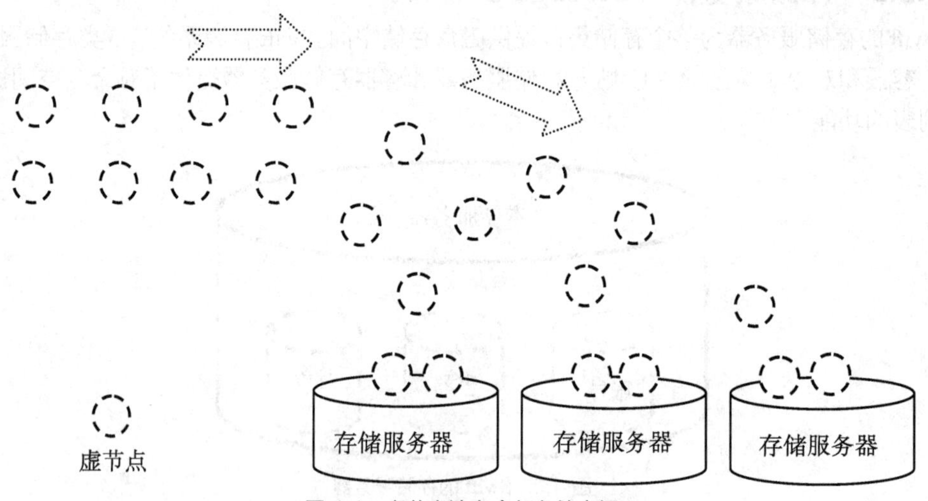

图 4.4 虚节点遍布全部存储空间

4.3.1 虚节点

在 Swift 存储系统中，一个虚节点用来存储一批需要存放的数据，可以是账号数据库、容器数据库，也可以是对象。虚节点是复制系统的核心。可以把虚节点想象成仓库里流动的放客户订单的文件盒。每个订单放到一个文件盒中。存储系统把文件盒看成一个在系统中移动的整体。对于整个系统来讲，处理放满订单的文件盒比处理数量大得多的一个个订单要简单得多。这样一来，在系统中移动的部件就会少很多。并且当系统扩展的时候，虚拟点的个数也是不会改变的，从而能够保证整个系统不会因为扩展而变得难以管理。实现虚节点的管理也很简单。可以把虚节点看成一个存放在磁盘上的目录，该目录有一个能映射到它所包含内容的哈希表。

在 Swift 存储系统中，所有的数据都存放在虚节点中。图 4.5 描绘了存储节点、磁盘和虚节点之间的关系。

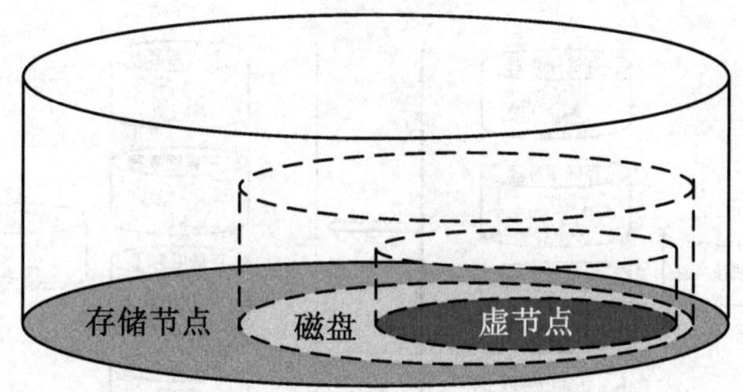

图 4.5 虚节点、磁盘和存储节点关系

4.3.2 环（The Ring）

环把虚节点映射到磁盘上的物理地址。当任何一个模块需要对账号、容器或对象进行操作的时候，它们需要通过环来确定账号、容器或对象在集群中的地址（见图 4.6）。环通过使用区域、设备、虚节点以及副本等来维护这个映射。

每个在环上的虚节点都会在集群中被复制 3 次（默认值），每个虚节点的地址都记录在环的映射中。当有存储设备出现故障时，环还负责确定哪个设备用来接受请求。

环使用了区域的概念来保证数据的隔离。每个虚节点的副本都确保放在了不同的区域中。一个区域可以是一个磁盘、一个服务器、一个机架、一个交换机，甚至是一个数据中心。

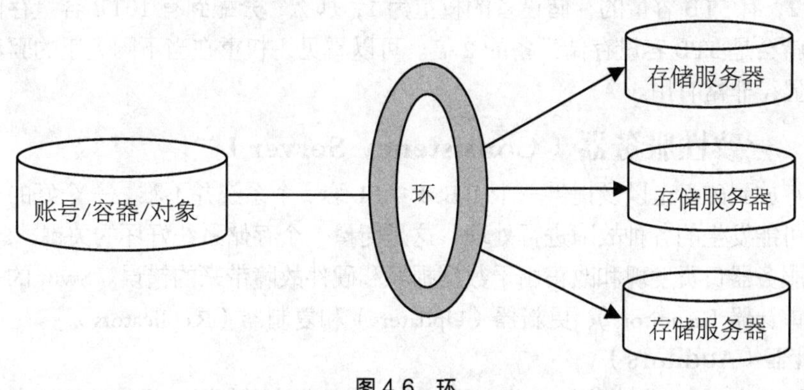

图 4.6 环

在安装 Swift 的时候，环上的虚节点会均衡地划分到所有的设备中。当新的存储容量添加到集群的时候，虚节点带着其数据将会得到重新安排，并重新分配到新添加的存储空间里。经过调整后，数据会重新均匀分布到整个系统中。

当有新的设备加入后，那么新加入的设备上还没有任何虚节点，从而造成了虚节点分配的不均衡。这时候，环就会自动移动一些虚节点到新添加的存储设备中，以便达到新的平衡，如图 4.7 所示。但是，过多地移动虚节点会带来大量的数据流动，从而引起整个存储系统的不稳定。因此，Swift 采用了优秀的算法来确保通过移动最少数量的虚节点来重新达到均衡，并且对一个虚节点来讲，只会移动其中的一个副本。同样地，当把原有的存储设备从 Swift 集群中移出进行维修的时候，需要其他存储设备来接收原来存放在该存储设备上的虚节点，如何能够通过移动最少量的虚节点来保证虚节点在剩余存储设备上的均衡，也是一个需要解决的问题。我们将在第 8 章对 Swift 保证虚节点的均衡性的算法进行详细讲解。

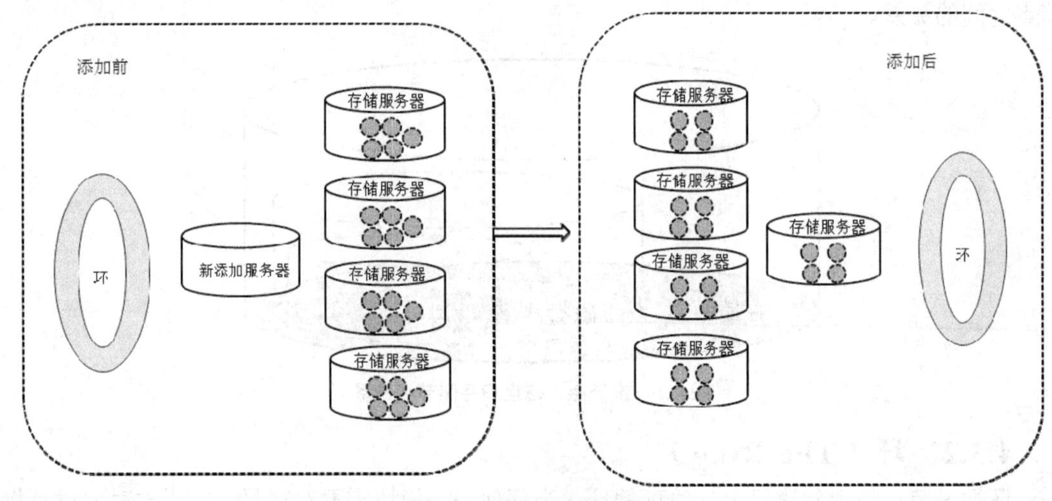

图 4.7　添加新存储空间

一般来讲，很难保证整个 Swift 集群中的设备都具有同样的存储容量，所以如果在分配虚节点的时候不考虑存储设备容量大小的话，就会带来容量小的设备需要存放和比它的容量大得多的设备同样多的虚节点，从而会造成虚节点所得到的存储容量不同的问题。为了避免这个问题，Swift 引进了“权重”的概念用来平衡集群中虚节点在驱动器上的分布。权重大的存储设备将比权重小的存储设备分配到更多的虚节点。比如说，我们设置有 10TB 容量的存储设备的权重为 2，有 5TB 容量的存储设备的权重为 1，那么，分配到有 10TB 容量存储设备上的虚节点个数就会是 5TB 容量存储设备的 2 倍。可以看见，权重在当不同大小的驱动器被用于集群中时就显得非常有用。

4.3.3　一致性服务器（Consistency Server）

把数据存放到磁盘上以及提供一个 REST API 给一个系统并不难。一个好的存储系统还必须可以对可能发生的各种故障进行处理，这是衡量一个存储系统好坏的关键。Swift 存储系统的一致性服务器负责发现和改正由于数据损坏和硬件故障带来的错误。Swift 的一致性服务器有 3 类：审计器（Auditors）、更新器（Updaters）和复制器（Replicators）。

1．审计器（Auditors）

审计器运行在 Swift 集群的每个节点的后台，会在本地服务器上反复地检测存放在该服务器上的对象、容器和账号的完整性，并对磁盘进行连续扫描来保证存储在磁盘上的数据不会因为磁盘的坏点或文件系统的损坏而丢失。如果发现错误，审计器会把受损的对象移动到隔离区，然后复制器会负责生成一个好的副本来代替原来的副本。如果其他错误出现，比如在任何一个容器服务器中都找不到所需的对象列表，还会记录进日志。审计器的工作流程可以由图 4.8 表示。

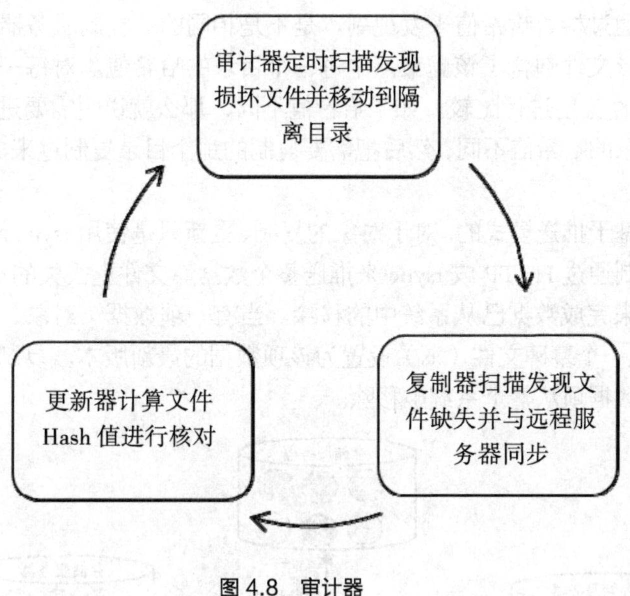

图 4.8　审计器

2．更新器（Updaters）

更新器保证账号和容器的列表是正确的。“对象更新器”用来保证容器的对象列表的正确性，而“容器更新器”用来保证账号的容器列表是没有错误的。另外，对象更新器负责更新容器元数据中的对象个数和所使用存储的字节数。同样的，容器更新器负责更新账号元数据中对象的个数、容器的个数以及所使用存储的字节数。

在一些情况下，容器或账号中的数据不会立即得到更新。这种情况经常发生在系统故障或者是系统高负荷的情况下。如果更新失败，该次更新会加入到本地文件系统上的更新队列，以便更新器会在后续的更新中继续处理这些失败了的更新工作。在这些更新完成以前，用户就不会得到最新的数据。例如，假设一个容器服务器处于高负荷之下，此时一个新的对象被加入到系统。当代理服务器成功地响应客户端的请求时，这个对象将变为直接可用的。但是容器服务器并没有更新对象列表，因此该次更新将进入队列等待后续的更新。容器列表不可能马上就包含这个新对象。但是，更新器会保证这些更新最终能够得以完成。可以看出，为了提高系统的“可用性”，Swift 提供的是“最终一致性”而不是“强一致性”。

在实际使用中，一致性窗口的大小和更新器的运行频度一致。但是因为每个对象在 Swift 中都会存放 3 个副本在 3 个不同的容器，只要有其中的一个容器完成了更新，那么代理服务器就会得到对列表请求的成功响应，所以即使有些容器还没有完成更新，也不会给用户请求带来问题。当然，高负载下的服务器在完成更新以前不应该再去响应后续的列表请求，而应由其他 2 个副本中的一个来处理这些列表请求。

3．复制器（Replicator）

提供复制的目的是在面临如网络中断或者驱动器故障等临时性故障情况时来保持系统的一致性。

复制器保证集群中的数据存储在正确的地方，以及每个数据都有足够的副本。总地来讲，复制服务器负责修复集群中的任何损坏以及数据持续性的下降。为了保证所有的数据都有 3 个副本，复制服务器会不断地检查每一个虚节点。复制服务器会把每一个本地虚节点和该虚节点在其他区域的副本进行比较来发现不一致的地方。

复制服务器通过检查哈希值来发现副本是不是相同的。复制服务器为每一个虚节点生成一个哈希文件，该文件包含了该虚节点中每一个目录的哈希值。对每一个虚节点，复制服务器对 3 份哈希文件分别进行比较。如果哈希值不同，那么就说明需要进行复制。复制服务器会找出是哪个目录的哈希值不同，然后把需要复制的那个目录复制过来。图 4.9 表示了复制服务器的工作过程。

复制更新是基于推送模式的。对于对象的复制，更新只是使用 rsync 同步文件到对等节点。账号和容器的复制通过 HTTP 或 rsync 来推送整个数据库文件上丢失的记录。

复制器也用来完成数据已从系统中的移除。当有一项数据（对象、容器或者账号）被删除时，Swift 会把一个墓碑文件（.ts）设置为该项数据的最新版本。复制器检测到墓碑文件的时候，就会把该数据项从整个系统中移除。

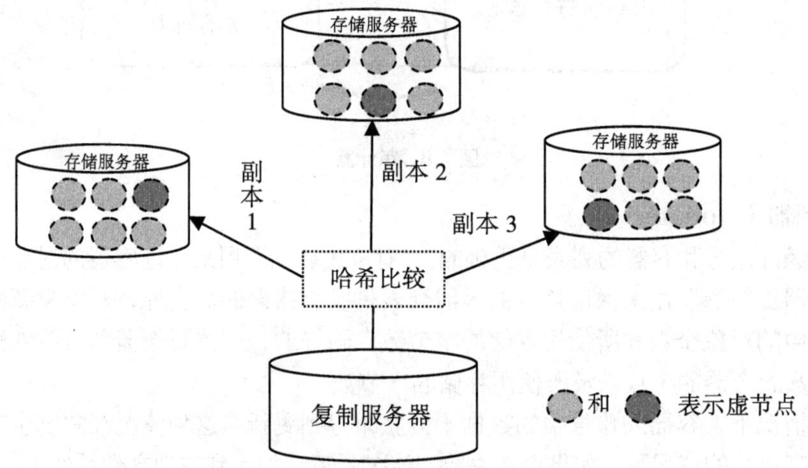

图 4.9　复制服务器检查虚节点的哈希值

从这里我们可以看出虚节点带来的一些优势。首先需要复制的是以虚节点为单位大块的数据，而不是需要许许多多的 TCP 连接才能完成的成千上万的对象的复制，从而保证了复制的效率。还有就是为了检测数据一致性所需要比较的个数是固定不变的，因为一个 Swift 集群的虚节点数是固定的。

4.3.4　区域（Zones）

Swift 允许通过配置“可用区域”来限制故障的边界。一个可用区域由一组具有单独故障隔离的物理硬件组成。在一个大型部署中，可用区域可以定义为一个数据中心。在中型部署中，可用区域可以定义为一个用防火墙分隔开，具有独立电源的单个机房。

4.3.5　地区（Regions）

在 Swift 存储系统中，存储设备可以部署在相互远离的不同地区。因为距离的原因，不同地区间设备的通信会有明显的滞后。当收到一个读请求的时候，代理节点会优先找按滞后来讲就近的数据副本进行服务。如果是写请求，那么首先在本地进行持续化的写操作，然后再把副本异步传到其他地区。

地区和区域的主要差别在于地区的分割主要以地理距离为主，一般来讲，地区间有较大的空间距离，通信有明显的滞后。而区域间的分隔是由人为的物理硬件形成的，比如电源供应、防火墙、机柜等。这些实体之间的逻辑关系如图 4.10 所示。

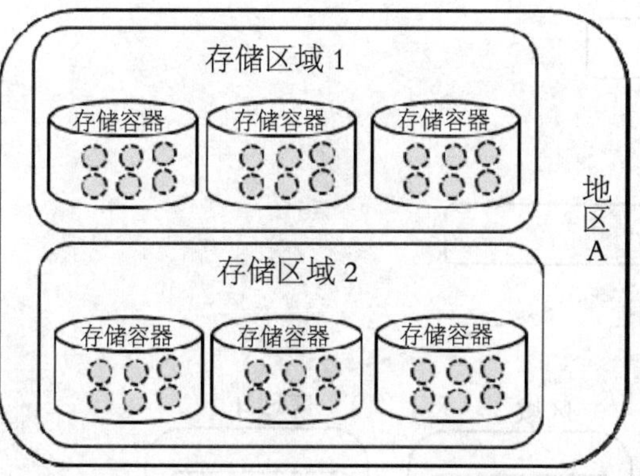

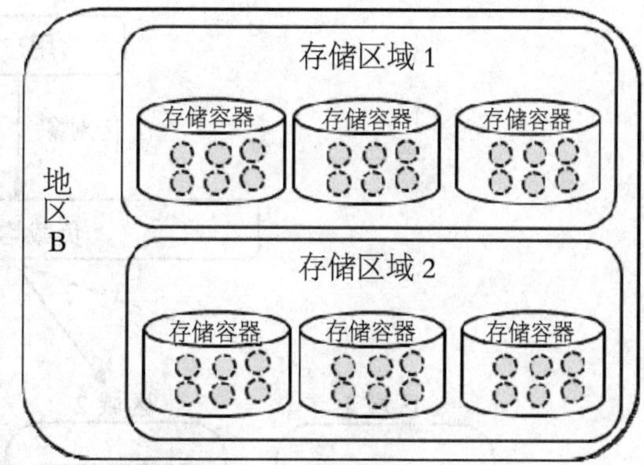

图 4.10 存储区域可以部署到不同地区

4.3.6 数据存储点选择算法

分布式存储系统的一大难题就是如何能够把数据存放到最有效的地点。Swift 采用的是"尽量独特"（unique-as-possible）的安置算法。该算法保证数据的快速部署，并且尽量保护数据不会受到硬件故障的影响。

Swift 的"尽量独特"安置算法按级来逐步计算安置的地点，首先考虑的是地区，然后是区域，再后是服务器，最后是存储驱动器。当 Swift 选择如何安置一个数据副本的时候，它首先选择一个还没有存放过该对象副本的可用区域。如果所有的可用区域都已经存放过，就会在用得最少的可用区域选择一个还没有存放该对象副本的服务器。如果所有区域的所有服务器都已经存放过，那么就会选择还没有存放该对象副本的存储驱动器。

4.4 使用场景举例

为了能够加深对 Swift 工作原理的理解，我们在本节讲解两个最基本的使用场景：上传对象和下载对象。

4.4.1 上传（PUT）

客户通过 REST API 发送 HTTP PUT 请求来上传对象到容器中。在接到 PUT 请求后，Swift 首先通过使用账号名、容器名以及对象名来决定该对象的数据应该安置在哪个虚节点。然后，再通过环来发现哪些存储节点包含这个虚节点。最后，再把数据传送到包含这个虚节点的那些存储节点。存储节点会保证这些数据存放到相应的虚节点。只有当规定个数的副本成功存储后，Swift 才能告知客户上传对象的操作已经成功完成。一般来讲，至少 3 个副本中的两个副本必须成功存储。整个上传流程如图 4.11 所示。

当上传成功后，Swift 还会异步更改所在容器的容器数据库来反映新上传的对象。

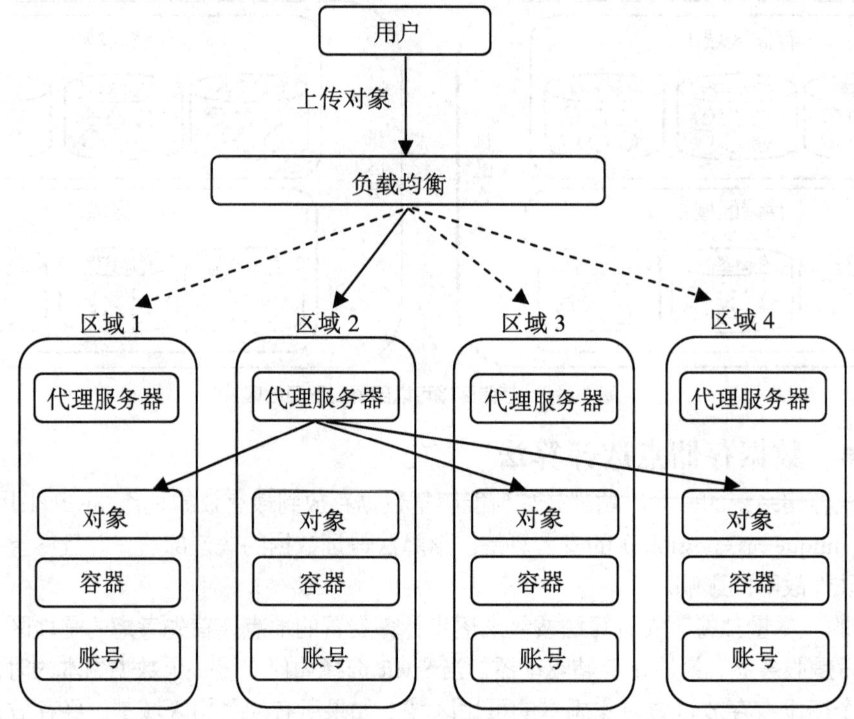

图 4.11　上传对象

这里需要提醒大家的是一个虚节点并不是只存放在一个存储节点，而是会存储在多个（默认值为 3 个）存储节点。从另一方面来讲，一个存储节点也会包含多个虚节点。虚节点和存储节点的逻辑关系如图 4.12 所示。

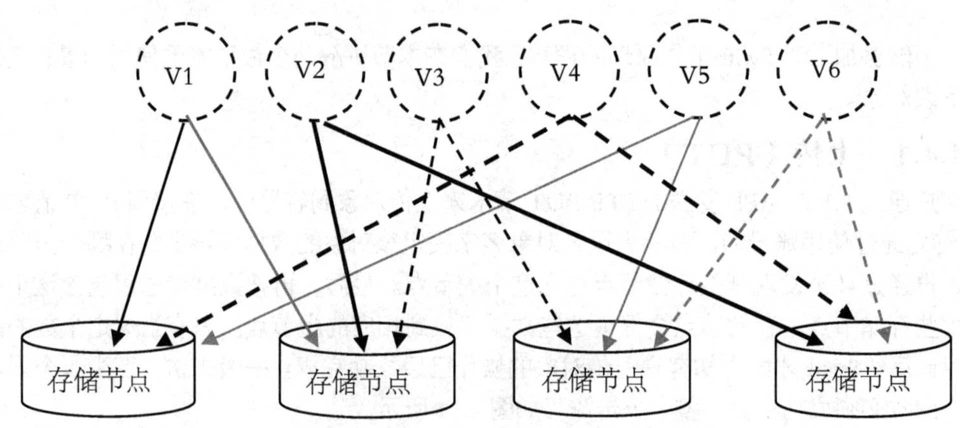

图 4.12　虚节点和存储节点的关系

4.4.2　下载（GET）

当接收到一个下载对象的请求时，Swift 首先通过对账号名、容器名和对象名进行哈希来得到该对象所在的虚节点，然后通过环来发现包含该虚节点的所有存储节点，并给其中的一个存储节点发送请求获取所需对象的数据。如果这个存储节点出现了故障，Swift 将会向下一个存储节点发送请求。整个下载流程如图 4.13 所示。

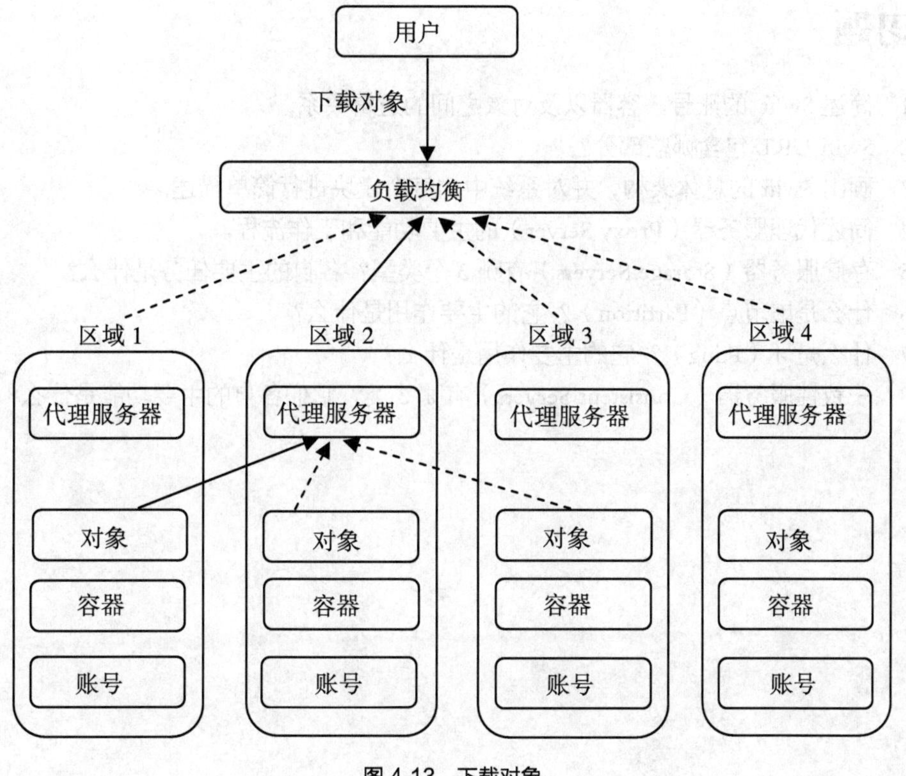

图 4.13 下载对象

4.5 总结

本章我们介绍了 Swift 用来组织、分布以及管理数据所使用的核心概念。

- 账号和容器用来给对象提供一个唯一的命名空间。
- 代理节点用来分发客户请求到各个存储节点。
- 存储服务器为账号、容器和对象提供数据存储服务。
- 虚节点用来存放账号、容器和对象的所有副本。
- 环用来把虚节点映射到具体的物理地址。
- 复制服务器、审计服务器和更新服务器用来保证数据的一致性。

在后面的各章中，我们将更加深入地讲解这些概念以及它们的实现，从而使你们不仅仅是从概念上理解 Swift 的工作原理，而且可以理解它们的实现，并且会安装、使用和维护 Swift。

习题

4.1　简述 Swift 的账号、容器以及对象之间的逻辑关系。

4.2　Swift URL 包含哪些部分？

4.3　画出 Swift 的总体架构，并对系统中的每个模块进行简单描述。

4.4　简述代理服务器（Proxy Server）的主要功能和工作流程。

4.5　存储服务器（Storage Servers）有哪 3 个类型？各自的主要任务是什么？

4.6　什么是虚节点（Partition）？它的主要作用是什么？

4.7　什么是环（Ring）？它的主要作用是什么？

4.8　一致性服务器（Consistent Servers）有哪 3 类？它们各自的主要功能是什么？

## PART 5

第 5 章 Swift 的使用

主要内容：

- 命令行客户端 swift
- 存储服务的 HTTP API
- 用 curl 使用 Swift 存储服务

本章目标：

- 了解使用 Swift 存储服务的各种方式
- 掌握 Swift 的认证方法
- 会安装 swift 客户端
- 会使用 swift CLI 访问 Swift 存储服务
- 能够通过 Swift 的 HTTP API 来使用 Swift 存储服务
- 能利用 curl 使用 Swift 存储服务

在本章中我们首先介绍如何使用 Swift 的命令行来访问 Swift 集群。然后，我们介绍 Swift 的 REST API（应用程序界面）。最后，我们讲述如何使用命令行工具 curl 来使用 Swift 提供的服务。

5.1 命令行客户端

一般情况下用户和管理员都是通过客户端来使用和管理 Swift 集群的。使用 Swift 的客户端有多种类型。简单的有命令行工具，高级的有基于 GUI 或 Web 应用程序的。在本节，我们首先介绍一个既简单又强大的命令行工具：swift。（注意，命令工具 swift 的第一个字母是小写，以便与 Swift 集群区分。）

使用 swift，用户可以获取对象和容器的列表，上传对象到容器中，下载或者删除容器中的对象。用户还可以使用 swift 来获取有关的使用信息，比如有多少容器、多少对象，使用了多少存储空间等。另外，用户还可以查看和更改账户、容器以及对象的元数据。

5.1.1 安装

swift 客户端是一个通过命令窗口使用的命令行界面（CLI）。在安装 Swift 集群的时候，swift 客户端将会自动部署到 Swift 的节点上，也可以部署到集群外的任何一个运行 Python 的计算机上。尽管 swift 是一个 Python 程序，但是并不需要懂得 Python 程序语言就可以进行使用。

安装 swift，首先要安装 Python2.6 或 2.7，并且需要一个安装 Python 包的工具，比如 easy_install 或 pip。

swift CLI 的 Python 包的名字是 python-swiftclient。使用 pip 在 Linux 环境下安装的命令如下。

```
$ sudo pip install python-swiftclient
```

5.1.2 认证

在使用 swift CLI 访问 Swift 集群前，你必须首先通过认证。Swift 有两种认证机制，一个是自身提供的 Tempauth，一个是 OpenStack 提供的 Keystone。

1. Tempauth 认证

通过 Tempauth 认证机制，你需要提交下面的信息通过认证。

- Swift 集群的认证 URL （auth URL）。
- 用户名（username）。
- 用户密码（password）。

拥有认证信息，你就可以用下面的 swift CLI 命令行来发送命令。

```
$ swift -A <auth URL> -U <username> -K <password> <command>
```

但是每次发送命令都需要提供 anth URL、用户名和密码对于用户来讲过于麻烦。你可以通过设置环境变量来解决这个问题。在 Linux 环境下的命令格式如下。

```
$ export ST_AUTH=<auth URL>
$ export ST_USER=<username>
$ export ST_KEY=<password>
```

在设置了这些环境变量后，用户就不需要每次都提交认证信息，swift CLI 的命令行简化为`$ swift <command>`

为了方便起见，这些外部变量可以在 shell 资源文档中进行设置，比如在 .bashrc 或 .zshrc 中。但是，需要提醒的是把你的认证信息这样存放在文档中是不安全的，因为能够接触该计算机的人都可以很容易地得到你的认证信息。这在许多保密要求高的单位是不允许的。

2. Keystone 认证

Keystone（OpenStack Identity Service）在 OpenStack 框架中，负责身份验证、服务规则和服务令牌的功能，它实现了 OpenStack 的 Identity API。Keystone 类似一个服务总线，或者说是整个 Openstack 框架的注册表。其他服务，包括 Swift，通过 keystone 来注册其服务的 Endpoint（服务访问的 URL）。任何服务之间相互的调用，需要经过 Keystone 的身份验证，来获得目标服务的 Endpoint 以找到目标服务。

在 Keystone 认证机制中，User 即用户，它们代表可以通过 Keystone 进行访问的人或程序。Users 通过认证信息（credentials，如密码、API Keys 等）进行验证。

Tenant 即租户，它是各个服务中的一些可以访问的资源集合。在 Swift 中一个 tenant 可以是一些对象或容器。User 默认地总是绑定到某些 tenant 上。

令牌（token），它是一个任意比特的文本，用于与其他 OpenStack 服务，包括 Swift，来共享信息，以验证访问 OpenStack 服务的用户。令牌的有效期是有限的，可以随时被撤回。

这里举个比较好理解的例子。我们去宾馆住的时候，我们自己就相当于 User ，而宾馆就是 Tenant，房卡就是 Token。这是最简单的情况，宾馆只提供房间，我们只需要住房。

通过 Keystone 认证机制，你需要提交下面的信息通过认证。

- Swift 集群的认证 URL （auth URL）。
- 用户名（username）。
- 租户名（tenant）。
- 用户密码（password）。

拥有认证信息，你就可以用下面的 swift CLI 命令行来发送命令。

```
$ swift  -os-username=<user>  -os-tenant-name=<tenant>  \
          -os-password=<password> -os-auth-url=<auth_url>
                    <command>
```

同样的，你可以通过设置环境变量来简化用户需要每次提交认证信息的问题。在 Linux 环境下的命令格式如下。

```
$export OS_USERNAME= <username>
$export OS_TENANT_NAME= <tenantname>
$export OS_PASSWORD= <password>
$export OS_AUTH_URL= <auth_url>
```

在设置了这些环境变量后，用户就不需要每次都提交认证信息，swift CLI 的命令行简化为

```
$ swift <command>
```

5.1.3 访问控制

通过认证的用户也不是能够访问所有的对象或容器。一个用户对自己的容器和对象拥有全部的访问权限。同时，一个用户也可以授权其他用户访问自己的一些容器，可以是“读”或者是“写”的权限。

用户通过 swift post 命令进行授权，“读”权限使用参数-r，“写”权限使用参数-w。

例题 5.1 授权用户“读”权限

```
$ swift post -r 'testuser'
```

上面的命令授予用户“testuser”对容器里的对象有读的权限。

例题 5.2 授权用户“写”权限

```
$ swift post -w 'testuser'
```

上面的命令授予用户“testuser”对容器里的对象有写的权限。

例题 5.3 授权多个用户“读”权限

```
$ swift post -r '*'
```

5.1.4 访问容器和对象

在解决了认证之后，你现在可以开始运行 Swift 命令行对你的 Swift 集群进行操作了。首先，让我们一起来查看一下有关集群的一些基本信息，比如在集群中你有多少容器、多少对象，你使用了多少字节等。

例题 5.4 获取集群信息

通过 stat 命名可以获取有关集群的使用信息。

```
$ swift stat
Account: AUTH_account
Containers: 2
Objects: 2
Bytes: 2048
```

例题 5.5 获取容器清单

使用 list 命令，可以得到你拥有的所有容器的清单。

```
$ swift list
animals
vegetables
```

从上面结果可以看出你拥有两个容器：animals 和 vegetables。

例题 5.6 创建新容器

使用 post 命令你可以创建新的容器。

```
$ swift post minerals
```

现在再调用 list 命令就可以发现你的容器个数增加了一个。

```
$ swift list
animals
minerals
vegetables
```

想得到一个容器所包含的所有对象，你可以使用 list 命令，并且把该容器名作为参数。

例题 5.7 获取容器所包含的对象

```
$ swift list animals
lions.txt
tigers.txt
```

你可以发现在你的 animals 的容器内存放了 2 个对象：lions.txt 和 tiger.txt。

使用 upload 命令可以上传对象，但是需要在参数中给定容器名和对象名。

例题 5.8 上传对象到容器中

下面这条命令上传对象 bears.txt 到容器 animals 中。

```
$ swift upload animals bears.txt
```

upload 可以同时上传多个文件，只需要在参数中给定所有需要上传的对象的名字即可。需要提醒的是这些对象只能上传到同一个容器中，也就是在 upload 命令中的第一个参数所指定的容器。例题如下。

例题 5.9 上传多个对象到容器中

下面这条命令就把 foxes.txt 和 wolves.txt 两个文件上传到容器 animals 中。

```
$ swift upload animals foxes.txt wolves.txt
```

如果你给 upload 命令提供一个目录名作为参数，而不是一个文件名，那么在这个目录下的所有文件以及其子目录下的所有文件都会上传到给定的容器中。

例题 5.10 上传整个目录到容器中

比如说，你在本地文件系统中有个文件目录 pets，pets 目录下有两个文件分别是 dogs.txt、cats.txt。你可以使用下面的命令行来上传整个目录及该目录下的文件。

```
$ swift upload animals pets
```

之后，再使用 list 命名来检查容器 animals 的对象。

```
$ swift list animals
bears.txt
foxes.txt
lions.txt
pets/cats.txt
pets/dogs.txt
tigers.txt
wolves.txt
```

你可以看到在容器 animals 中新增加了两个对象：pets/cats.txt 和 pets/dogs.txt。这就是上面的 upload 命令上传的。需要指出的是，这两个对象的名字包含了在本地文件系统中的目录的名字 pets。

如果我们使用下面的命令行上传这两个对象，也会得到同样的结果。

```
$ swift upload animals pets/cats.txt pets/dogs.txt
```

例题 5.11 上传目录下的对象到容器中

如果你不希望把本地文件目录的名字包含在对象的名字中，那么你需要首先转换到那些文件的目录下，然后上传。比如：

```
$ cd pets
$ swift upload animals cats.txt dogs.txt
```

例题 5.12 上传多级目录下的对象到容器中

如果在 pets 的目录下还有子目录，比如说 specials，在该子目录下有个文件 snails.txt。整个 pets 的文件结构如下。

```
pets/specials/snails.txt
pets/cats.txt
pets/dogs.txt
```

那么使用下面的命令行后，容器 animals 里的对象有哪些呢？

```
$ swift upload animals pets
```

使用 list 命令行。

```
$ swift list animals
bears.txt
foxes.txt
lions.txt
pets/cats.txt
pets/dogs.txt
pets/specials/snails.txt
tigers.txt
wolves.txt
```

例题 5.13 下载对象

下载对象使用 download 命令，并把容器名和对象名作为参数。

```
$swift download animals lions.txt
```

例题 5.14 删除对象

删除对象使用 delete 命令，并把对象所在的容器的名字和对象名作为参数。

```
$swift delete animals lions.txt
```

例题 5.15 删除容器

如果想删除一个容器以及容器中的所有对象，那么就只给 delete 命令提供容器名作为参数。

```
$swift delete animals
$swift list
minerals
vegetables
```

需要指出的是删除命令并不询问你是否一定要删除给定的对象和容器，而是直接删除，并且这些对象一旦被删除是无法再恢复的。

5.1.5 swift CLI 命令清单

上面我们介绍了一些常用的 swift 命令使用方法。一些命令细节，就不在这里赘述了。下面列出 swift 命令的各种选项和子命令列表。

```
swift [--version] [--help] [--snet] [--verbose]
        [--debug] [--quiet] [--auth <auth_url>]
```

```
                [--auth-version    <auth_version>]    [--user
        <username>]
                [--key <api_key>] [--retries <num_retries>]
                [--os-username <auth-user-name>] [--os-password
        <auth-password>]
                [--os-tenant-name <auth-tenant-name>]
                [--os-tenant-id <auth-tenant-id>]
                [--os-auth-url    <auth-url>]  [--os-auth-token
        <auth-token>]
                [--os-storage-url                <storage-url>]
        [--os-region-name <region-name>]
                [--os-service-type <service-type>]
                [--os-endpoint-type <endpoint-type>]
                [--os-cacert <ca-certificate>] [--insecure]
                [--no-ssl-compression]
                <subcommand> ...
```

子命令列表如下：

```
<subcommand>
delete        删除容器或者容器里的对象
download      从容器中下载对象
post          更改账号、容器、对象的元数据
stat          显示账号、容器、对象的使用信息
upload        上传本地文件或者目录到容器
list          获取账号的容器列表或者容器的对象列表
```

5.2 存储服务的 HTTP API

Swift CLI 可以用来完成简单的操作，但是多数用户还需要更先进的客户端应用来使用 Swift 集群。不管是 swift CLI，还是其他高级的 Swift 应用，都需要通过 Swift 的 HTTP API 来访问 Swift 集群。

Swift 的 HTTP API 使用的是 REST 风格。在系统中的每一个容器和对象都表示成一个唯一的 URL，并且把 HTTP 的方法，如 PUT、GET、POST 和 DELETE 都对应到对数据的管理操作（Create、Read、Update、Delete）。

本节我们对 Swift 的 HTTP API 做一个基本介绍。为了解释 swift 命令是如何对应到 HTTP API 的调用的，我们重新使用上一节的例子。但是这一次我们要检查每一步中有关的 HTTP 请求和响应。

5.2.1 认证

为了使用 Swift 集群的存储服务，用户请求必须包含一个认证令牌（auth token）。用户可以向 Swift 的认证服务发送认证请求来获得认证令牌。Swift 的客户认证是通过使用其 REST 界面的 GET 方法来进行的。

如果使用 Tempauth 认证机制，用户需要通过 X-Auth-User 和 X-Auth-Key 两个头部项的值把用户名和密码提交给认证系统。如果认证成功，系统会返回一个令牌和存储 URL。

有了认证令牌后，用户就可以通过存储 URL 向 Swift 存储系统发送请求。假设你的 Swift 集群的域名是“swift”，那么其认证 URL 将会是 https://swift:5000/auth/v2.0。

例题 5.16 Tempauth 认证请求

```
GET /auth/v2.0 HTTP/1.1
X-Auth-User: joe
X-Auth-Key: mytopsecret
```

从上面可以看出用户的认证信息是通过请求的头部 X-Auth-User 和 X-Auth-Key 传送的。并且这些认证信息没有进行加密，是明码传送的。Swift 管理员可以把 Swift 集群设置为使用 HTTPS 协议，那将会对 Swift 和客户端的所有通信都进行加密，以便保证用户的认证信息不会被盗用，从而保护了存放在集群中的对象内容。

如果你提供的认证信息是正确的，Swift 将返回一个认证令牌和一个存储 URL。

例题 5.17 Tempauth 认证请求的响应

```
HTTP/1.1 200 OK
X-Storage-Url: https://swift/v1.0/AUTH_account
X-Auth-Token: AUTH_tk60237970bbce544v7dbbc78a88ce9a
Content-Length: 0
```

注意，请求的响应中并没有正文，所有的信息都是通过响应的头部传送回来的。认证令牌是用头部 X-Auth-Token 的值返回的，存储 URL 是用头部 X-Storage-Url 的值返回的。在后面对 Swift 发送请求的时候，你将需要使用授权令牌和存储 URL。所以，如果你是在开发 Swift 应用，你需要把这两个值保留在内存中。在大多数情况下，每一个请求都需要包含认证令牌。Swift 存储系统将会拒绝没有认证的请求，返回 HTTP 401 Unauthorized 的错误信息。但是在后面的高级特性章节中，我们可以看到 Swift 允许我们使用客户访问控制表（custom access control lists）来改变这个要求。

认证令牌的有效期限是 24 小时，所以一个用户在 24 个小时内只需要认证一次，在以后的请求中都使用同一个认证令牌。

如果使用 Keystone 认证机制，用户需要通过 POST 请求提供用户名、用户密码以及租户名给认证系统。如果认证成功，系统会返回一个令牌和一个服务目录。然后在服务目录中找到 object-store 的记录项，再在记录项找到 publicURL 端点，它就是标识认证的用户账号的 URL。URL 的格式为 https://hostname/v1/account。

例题 5.18 Keystone 认证请求

```
POST /auth/v2.0/tokens HTTP/1.1
```

```
{
"auth":{
        "passwordCredentials":{
                "username":"test_user",
                "password":"mypass"
        },
        "tenantName":"customer-x"
  }
}
```

例题 5.19 Keystone 认证响应

如果认证请求获得了通过，用户将得到下面的响应。

```
{
 "access": {
    "metadata": {
      "is_admin": 0,
      "roles": [
        "cf2f01df14ae4cbaa3f0f38ed48f33dc"
      ]
    },
    "serviceCatalog": [
      {
       "endpoints": [
        {
         "adminURL": "http://172.18.56.69:8080/v1",
         "id": "2b679f90c4724513bb83fa0129e09e26",
         "internalURL":
"http://172.18.56.69:8080/v1/AUTH_ee13a53650de46e0a12ddabd36d919e9",
         "publicURL":
"http://172.18.56.69:8080/v1/AUTH_ee13a53650de46e0a12ddabd36d919e9",
         "region": "RegionOne"
         }
        ],
        "endpoints_links": [],
        "name": "swift",
        "type": "object-store"
      },
  ],
```

```
"token": {
        "expires": "2014-04-11T02:28:58Z",
        "id": "d3c63b9d103e4c189c5ade317e0029ac",
        "tenant": {
            "description": null,
            "enabled": true,
            "id": " tk60237970bbce544v7dbbc78a88ce9a ",
            "name": "admin"
        }
    },
"user": {
        "id": "c33bb1edcc014b57bfffc14ae5ad94ef",
        "name": "admin",
        "roles": [
            {
                "name": "admin"
            }
        ],
        "roles_links": [],
        "username": "admin"
    }
  }
}
```

为了使用 Swift 存储服务，用户必须首先获取存储服务的访问 URL 以及认证令牌。从上述返回的服务目录中，我们可以看到 object-store 的记录项，再在记录项找到 publicURL 端点，https://storage.north.host.com/v1/t1000，它就是标识认证的用户账号的 URL。同样我们可以在 object-store 的记录项中找到 Token 的 id，tk60237970bbce544v7dbbc78a88ce9a。有了这两项信息，我们就可以使用 Swift 存储服务。

5.2.2 存储账号服务

Swift 的存储账号 API 提供了表 5.1 中的操作。

表 5.1 存储账号 API

操作	URL	描述
GET	/account	获取该账号的所有存储容器列表
HEAD	/account	获取该账号的元数据
POST	/account	创建或更新该账号的元数据
POST	/account	删除该账号的元数据

1．获取容器列表

对一个账号的存储 URL 进行 GET 操作将获得该账号拥有的所有存储容器的有序列表。排序是按照存储容器的名字进行的。下面对该操作的可选参数进行描述。

limit:	如果给定的整数值是 n，则返回的容器个数不超过 n 个。
marker:	如果给定的字符串值为 x，则返回的容器的名字要大于 x。
end_marker	如果给定的字符串值为 x，则返回的容器的名字要小于 x。
format:	指定返回结果的格式是 json，还是 xml。

例题 5.20 获取容器列表的请求

```
GET /v1.0/<account> HTTP/1.1
X-Auth-Token: AUTH_tk60237970bbce544v7dbbc78a88ce9a
```

例题 5.21 获取容器列表请求的响应

```
HTTP/1.1 200 Ok
Content-Length: 32
images
movies
documents
backups
```

（1）正文格式

如果用户想得到给定账号拥有的容器更详细的信息，比如包含多少个对象就可以在请求中添加 format 参数来指定回答返回的内容是用 xml，还是 json 格式，即 format=xml 或 format=json。例题如下。

例题 5.22 要求返回正文使用 json 格式的请求

```
GET /v1.0/<account>?format=json HTTP/1.1
Content-Length=0
X-Auth-Token: AUTH_tk60237970bbce544v7dbbc78a88ce9a
```

用户得到的信息不仅仅是容器的名称，还包括了每个容器包含几个对象，以及使用的存储空间大小。

例题 5.23 使用 json 格式的响应

```
HTTP/1.1 200 Ok
Content-Type: application/json; charset=utf-8
[
   {"name":"images", "count":2, "bytes":78},
   {"name":"documents", "count":10, "bytes":2048}
]
```

例题 5.24 要求返回正文使用 xml 格式的请求

```
GET /v1.0/<account>?format=xml HTTP/1.1
Content-Length=0
X-Auth-Token: AUTH_tk60237970bbce544v7dbbc78a88ce9a
```

例题 5.25 使用 xml 格式的响应

```
HTTP/1.1 200 Ok
Content-Type: application/xml; charset=utf-8
  <?xml version="1.0" encoding="UTF-8"?>
  <account name="MichaelBarton"
      <container>
          <name>movies</name>
          <count>2</count>
          <bytes>2048</bytes>
      </container>
      <container>
        <name>documents</name>
          <count>10</count>
          <bytes>2048</bytes>
      </container>
  </account>
```

（2）限制获取容器的个数

对于一个请求，Swift 集群最多可以返回 10000 个容器的名字列表。如果需要获得后续容器的名字，那么就需要再发送使用“marker”参数的请求。marker 参数给定上一次请求得到的最后一个容器的名字，系统将返回名字大于 marker 的后续容器的名字列表，同样最多不超过 10000 个。

如果每次返回 10000 个太多，用户可以使用 limit 参数来限制每次返回容器名字的最多个数。如果返回的容器的个数小于给定 limit 的个数，或者在没有使用 limit 参数时小于 10000 个，那么就说明该账号的所有容器名字都已经返回。

例题 5.26 使用 limit 限制返回容器个数的方法

比如给定账号包含如下 5 个容器。

```
apples
bananas
kiwis
oranges
pears
```

下面我们来说明如何实现每次请求返回的容器个数不超过 2 个。

```
GET /v1/<account>?limit=2
X-Auth-Token: AUTH_tk60237970bbce544v7dbbc78a88ce9a
```

返回的结果为

```
apples
bananas
```

因为只返回了设置的限制数量个容器（该处为 2），所以可以假定后面还有容器没有返回。因此我们再发送一个请求来获得后面的容器，这时候我们就需要使用上次返回结果中的最后一项作为 marker 参数的值。

```
GET /v1/<account>?limit=2&maker=bananas
X-Auth-Token: AUTH_tk60237970bbce544v7dbbc78a88ce9a
```

返回的结果将为

```
kiwis
oranges
```

因为返回的个数还是 2 个，所以，我们还需要再次发送请求来获得后面的容器，但是这次 marker 的值变成 orangs。

```
GET /v1/<account>?limit=2&maker=oranges
X-Auth-Token: AUTH_tk60237970bbce544v7dbbc78a88ce9a
```

返回的结果是：

```
Pears
```

因为这次只返回了一个容器，我们知道已经获得了该账号的所有容器名。

例题 5.27 使用 end_marker 限制返回容器个数的方法

通过使用 end_marker 参数，我们可以获得名字比给定参数小的容器的列表。下面的请求就只获得了名字排在 oranges 前面的容器的列表。

```
GET /v1/<account>?end_maker=oranges
X-Auth-Token: AUTH_tk60237970bbce544v7dbbc78a88ce9a
```

返回的结果是：

```
apples
bananas
kiwis
```

2. 获取账号元数据

对一个账号的存储 URL 进行 HEAD 操作将获得该账号拥有的所有存储容器的个数，以及该账号总共使用的存储空间的字节数。这些信息是用下面两个自定义的头部数据项返回的，X-Account-Container-Count 和 X-Account-Bytes-Used。

例题 5.28 获得账号元数据的请求

```
HEAD /v1/<account> HTTP/1.1
X-Auth-Token: AUTH_tk60237970bbce544v7dbbc78a88ce9a
```

例题 5.29 获得账号元数据的响应

```
HTTP/1.1 204 No Content
X-Account-Container-Count: 3
X-Account-Bytes-Used: 323479
```

3. 建立或更新账号元数据

用户可以在账号级 URL 把自定义元数据头部的数据项与账号级 URL 进行绑定。这些数据项必须采用如下的格式：X-Account-Meta-*。

用户通过在 POST 请求中的元数据头部数据项来建立或更新账号的元数据。第一个请求建立元数据，后续的请求将覆盖前面请求赋予的值。

例题 5.30 更新账号元数据的请求

```
POST /v1/<account> HTTP/1.1
X-Auth-Token: AUTH_tk60237970bbce544v7dbbc78a88ce9a
X-Account-Meta-Book: MobyDick
X-Account-Meta-Subject: Whaling
```

该请求不会返回任何正文，只会返回状态值。凡是属于 200 到 299 之间的状态值都表示上面的请求得到了成功地执行。

例题 5.31 更新账号元数据的响应

```
HTTP/1.1 204 No Content
Content-Length: 0
Content-Type: text/html; charset=UTF-8
```

为了确认账号的元数据值得到了改变，用户可以使用 HEAD 操作进行检查。注意一定不要在请求的头部中包含任何元数据项。

例题 5.32 获取账号元数据的请求

```
HEAD /v1/<account> HTTP/1.1
X-Auth-Token: AUTH_tk60237970bbce544v7dbbc78a88ce9a
```

例题 5.33 获取账号元数据的响应

```
X-Auth-Token: AUTH_tk60237970bbce544v7dbbc78a88ce9a
X-Account-Meta-Book: MobyDick
X-Account-Meta-Subject: Whaling
X-Account-Object-Count: 5
X-Account-Container-Count: 5
X-Account-Bytes-Used: 46988
Content-Length: 0
```

4. 删除账号元数据

为了删除账号的元数据只需要发送一个相应的头部元数据项的值为空的请求即可，比如下面的请求就删除了元数据 X-Account-Meta-Book。

```
POST /v1/<account> HTTP/1.1
X-Auth-Token: AUTH_tk60237970bbce544v7dbbc78a88ce9a
X-Account-Meta-Book:
```

有些工具，比如老版本的 cURL，可能不支持空值头部数据项，那么就需要使用 Remove 头部数据项：X-Remove-Account-Meta-name。比如使用 X-Remove-Account-Meta-Book: x 后，将会删除掉 Book 这个元数据。后面的 x 是一个随便填写的值，将会忽略掉。

例题 5.34 删除账号元数据的请求

```
POST /v1/<account> HTTP/1.1
X-Auth-Token: AUTH_tk60237970bbce544v7dbbc78a88ce9a
X-Remove-Account-Meta-Book: x
```

同样，返回的响应中没有内容，任何一个 200~299 之间的状态值都表示上面的请求得到成功地执行。

5.2.3 存储容器服务

用户可以通过对存储容器进行表 5.2 中的操作来使用其提供的服务。

表 5.2 容器操作命令

操作	URL	描述
GET	/account/container	获取对象列表
PUT	/account/container	创建容器
DELETE	/account/container	删除容器
HEAD	/account/container	获取容器的元数据

所有的操作都采用如下的方式：`METHOD /v1/<account>/<container> HTTP/1.1`。

1. 获取对象列表

对存储容器进行 GET 操作可以获得所有存储在该容器中的对象名的列表，最多可以返回

10000 个。另外，用户还可以通过一些可选参数对请求结果进行优化，从而只返回整个对象名的一个子集。可选的参数如下。

- limit: 如果给定的整数值是 n，则返回的对象名个数不超过 n 个。
- marker: 如果给定的字符串值是 x，则只返回名字比 x 大的对象名。
- end_marker: 如果给定的字符串值是 x，则只返回名字比 x 小的对象名。
- prefix: 如果给定的字符串值是 x，则只返回名字是以 x 开头的对象名。
- format: 指定请求响应的内容的格式，可以是 json 或者 xml。
- delimiter: 用于获取伪目录的路径名。如果给定的字符值是/，则只返回嵌入在对象名中位于字符/前面的部分。(请参考例题 5.41。)
- path: 如果给定字符串值是 x，则返回伪路径 x 所包含的对象名。这等同于设置 delimiter 的值为 “/”，prefix 的值为 path 加 “/”。

例题 5.35 对象列表请求

```
GET /v1/<account>/<container>[?parm=value] HTTP/1.1
X-Auth-Token: AUTH_tk60237970bbce544v7dbbc78a88ce9a
```

如果成功，该请求的响应将在其正文部分返回一个对象列表，每个对象一行。如果给定的容器不存在，或者是账号有错误，就将返回一个 404（没有找到）的状态信息。

例题 5.36 对象列表响应

```
HTTP/1.1 200 Ok
Content-Type: text/plain; charset=UTF-8
Content-Length: 171
kate_beckinsale.jpg
How To Win Friends And Influence People.pdf
moms_birthday.jpg
Poodle_strut.mov
Disturbed-Down With The Sickness.mps
army_of_darkness.avl
the_mad.avl
```

（1）内容格式

如果在对容器请求的 URL 后面添加一个 format=xml 或 format=json 的参数，那么容器服务将会按指定的格式提供更详细的有关对象的信息。为了阅读方便，下面的例题对正文的格式进行了整理。

例题 5.37 获取对象详细信息的请求：JSON

```
GET /v1/<account>/<container>?format=json HTTP/1.1
X-Auth-Token: AUTH_tk60237970bbce544v7dbbc78a88ce9a
```

例题 5.38 获取对象详细信息的响应:JSON

```
HTTP/1.1 200 Ok
Content-Length: 387
Content-Type: application/json; charset=utf-8
[
{"name":"test_obj_1",
  "hash":"4281c348eaf83e70ddce0e07221c3d28",
  "bytes":14
  "content_type":"application\/octet-stream",
  "last_modified":"2009-02-3T05:26:32.612278"},
 {"name":"test_obj_2",
  "hash":"b039efe731ad111bc1b0ef221c3849d0",
  "bytes":64,
  "content_type":"application\/octet-stream",
  "last_moified":"2009-02-03T05:26: 32.612278"}
]
```

例题 5.39 获取对象详细信息的请求：XML

```
GET /v1/<account>/<container>?format=xml HTTP/1.1
X-Auth-Token: AUTH_tk60237970bbce544v7dbbc78a88ce9a
```

例题 5.40 获取对象详细信息的响应：XML

```
HTTP/1.1 200 Ok
Content-Length: 387
Content-Type: application/xml; charset=utf-8
  <?xml version="1.0" encoding="UTF-8"?>
  <container name="test_container_1">
     <object>
        <name>test_object_1</object>
  <hash>4281c348eaf83e70ddce0e07221c3d28</hash>
  <bytes>14</bytes>
 <content_type>application/octet-stream</content_type>
 <last_modified>2009-02-3T05:26:32.612278</last_modified>
   </object>
  <object>
     <name>test_object_2</object>
  <hash> b039efe731ad111bc1b0ef221c3849d0</hash>
  <bytes>64</bytes>
  <content_type>application/octet-stream</content_type>
```

```
<last_modified>2009-02-3T05:26:32.612278</last_modified>
</object>
</container>
```

（2）控制对象列表的大小

对于用户请求，系统每次最多可以返回 10000 个对象名字。为了获取后续对象的名字，用户需要再发送一个含有 marker 参数的请求。Marker 参数给定上一次响应中的最后一个对象名，本次返回的对象名将从其后面开始。同样的，也是最多返回 10000 个对象名。

如果感到每次返回 10000 个太多，用户可以使用 limit 参数来限定返回的个数。如果返回的对象名个数等于限定的个数，或者在没有限定的时候等于 10000，那么说明可能还有对象名没有返回。用户需要再发送请求来获得剩余的对象名。如果容器包含的对象的个数刚好是限制个数的倍数，那么对最后一个请求的响应的正文将会为空。

例题 5.41 使用 limit 参数限制返回对象的数量

假如一个容器包含下面 5 个对象名。

```
gala
grannysmith
honeycrisp
jonagold
reddelicious
```

如果我们设置 limit 参数为 2 的时候，系统将如何工作?

```
GET /v1/<account>/<container>?limit=2 HTTP/1.1
X-Auth-Token: AUTH_tk60237970bbce544v7dbbc78a88ce9a
```

```
gala
grannysmith
```

我们发现存储系统只返回了 2 个对象名，而不是所有的 5 个对象名。因为只返回了 2 个对象名，我们可假定还有对象名没有返回。所以我们再发送一个请求，并使用上次返回的最后一个对象名 grannysmith 作为 marker 值。

```
GET /v1/<account>/<container>?limit=2&marker=grannysmith
X-Auth-Token: AUTH_tk60237970bbce544v7dbbc78a88ce9a
```

```
honeycrisp
jonagold
```

这次我们又得到了两个，所以后面可能还会有。

```
GET /v1/<account>/<container>?limit=2&marker=jonagold
```

```
X-Auth-Token: AUTH_tk60237970bbce544v7dbbc78a88ce9a
Reddelicious
```

这次我们只得到了一个对象名，所以我们知道后面不会再有了。

通过使用 end_marker 我们可以限制返回的对象名都小于给定的值。

例题 5.42 使用 end_marker 参数限制返回对象的数

```
GET /v1/<account>/<container>?end_marker=jonagold
X-Auth-Token: AUTH_tk60237970bbce544v7dbbc78a88ce9a

gala
grannysmith
honeycrisp
```

（3）伪层次目录

尽管 Swift 不支持多层次目录结构，但是用户可以通过在对象名字中添加“/”来模拟多层目录结构，称之为伪层次目录结构。为了访问伪层次目录，用户需要使用 delimiter 参数。我们在这节通过一些例题来说明。

例题 5.43 获取伪层次目录请求

假定容器 backups 包含了多个对象，它们都放置在伪目录 photo 下。

如果想获取容器 backups 下的所有这些对象，可以直接使用 GET 命令，而不需要使用 delimiter 或 prefix 参数。

```
GET /v1/<account>/backups
photos/animals/cats/persian.jpg
photos/animals/cats/siamese.jpg
photos/animals/dogs/corgi.jpg
photos/animals/dogs/poodle.jpg
photos/animals/dogs/terrier.jpg
photos/me.jpg
photos/plants/fern.jpg
photos/plants/rose.jpg
```

当然，用户可以使用参数 delimiter 来得到自己想要的那些对象。任何一个字符都可以作为 delimiter 的值，但是要访问伪目录，需要使用“/”。

```
GET /v1/<account>/backups?delimiter=/

photos/
```

因为我们使用了 delimiter=/，所以只有伪目录 photos/满足匹配条件。 需要指出的是

photos/并不是一个实际的对象。

如果需要获取伪目录下的对象名字，用户需要同时使用 prefix 和 delimiter 参数。

```
GET /v1/<account>/backups?prefix=photos/&delimiter=/
photos/animals/
photos/me.jpg
photos/plants/
```

用户可以创建任意层伪目录。如果想访问不同层次的对象，可以通过使用更长的包含多层伪目录名的 prefix 参数以及 delimiter 参数来进行。比如说，为了获取伪目录 dogs 下的对象，你可以使用下面的请求。

```
GET/v1/<account>/backups?prefix=photos/animals/dogs/&deli
miter=/
photos/animals/dogs/corgi.jpg
photos/animals/dogs/poodle.jpg
photos/animals/dogs/terrier.jpg
```

2. **创建容器**

对存储容器 URL 进行 PUT 操作就可以创建容器。容器的 URL 不能长于 256 字节，并且不能包含“/”字符。

容器可以赋予用户定义的元数据。这是通过在 PUT 请求添加额外的头部来实现的。用户定义的元数据必须具有这样的格式：X-Container-Meta-*。

例题 5.44 创建容器的请求

```
PUT /v1/<account>/<container> HTTP/1.1
X-Auth-Token: AUTH_tk60237970bbce544v7dbbc78a88ce9a
```

返回的响应中将没有正文部分。状态值 201（Created）表明指定的容器已经创建成功。如果指定的容器已经存在，那么将返回状态值 202（Accepted）。

例题 5.45 创建容器的响应

```
HTTP/1.1 201 Created
```

使用用户定义的容器元数据，用户实际上可以给容器添加标记（tag）。对容器元数据的限制和对对象元数据的限制是一样的。所有的元数据总数据量不能超过 4096 个字节，元数据个数不能超过 90 个。每个元数据的名字不能超过 128 个字符，元数据的值的长度不能超过 256 个字节。

例题 5.46 创建带有元数据的容器的请求和响应

```
PUT /v1/<account>/<container> HTTP/1.1
X-Auth-Token: AUTH_tk60237970bbce544v7dbbc78a88ce9a
X-Container-Meta-InspectedBy: JackWolf
HTTP/1.1 201 Created
```

因为在 PUT 请求中包含了 X-Container-Meta-InspectedBy 元数据，那么这些元数据将会在你以后的 GET/HEAD 请求中返回。

3. 删除容器

对存储容器 URL 进行 DELETE 操作会永久性地将该容器删除，被删除的容器必须为空。使用 HEAD 操作可以检查容器是否为空。

例题 5.47 删除容器的请求

```
DELETE /v1/<account>/<container> HTTP/1.1
X-Auth-Token: AUTH_tk60237970bbce544v7dbbc78a88ce9a
```

对该请求的响应将不包含任何正文。如果返回的状态值在 200 ~ 299 之间，那么说明成功地删除了容器，404（Not Found）说明给定的容器没有找到，409（Conflict）说明容器不为空，该容器不能被删除。

4. 获取容器元数据

对存储容器 URL 进行 HEAD 操作可以确定该容器包含的对象的个数，以及这些对象占用的存储的总的字节数。因为 Swift 是用来存储大量数据的，所以需要注意使用 integer 来记录存储总量是不是足够，如果可能的话，最好使用 64 位无符号整数。

例题 5.48 获取容器元数据的请求

```
HEAD /v1/<account>/<container> HTTP/1.1
X-Auth-Token: AUTH_tk60237970bbce544v7dbbc78a88ce9a
X-Container-Meta-InspectedBy: JackWolf
```

如果给定的容器存在，那么该容器所包含的对象的个数以及所使用的总空间大小将会分别通过头部数据项 X-Container-Object-Count 和 X-Container-Bytes-Used 返回。

例题 5.49 获取容器元数据的响应

```
HTTP/1.1 204 No Content
Content-Type: text/html
X-Container-Object-Count: 7
X-Container-Bytes-Used: 413
X-Container-Meta-InspectedBy: JackWolf
```

5. 创建或更改容器元数据

用户可以创建任何感到有用的元数据，但是必须使用格式：X-Container-Meta-*。

创建和更改容器的元数据都可以通过 POST 操作来完成。创建完毕以后，任何后续的 POST 请求都可以更改原来的值。

例题 5.50 更改容器元数据的请求

```
POST /v1/<account>/<container> HTTP/1.1
X-Auth-Token: AUTH_tk60237970bbce544v7dbbc78a88ce9a
X-Container-Meta-Book: MobyDick
```

```
X-Container-Meta-Subject: Whaling
```

相应的响应将不包含任何正文，只返回状态值来说明操作是否成功。为了确认对元数据的更改，用户可以使用 HEAD 操作进行检查。注意不要在 HEAD 请求头部添加任何元数据信息。

例题 5.51 获取容器元数据的请求

```
HEAD /v1/<account>/<container> HTTP/1.1
X-Auth-Token: AUTH_tk60237970bbce544v7dbbc78a88ce9a
```

例题 5.52 获取容器元数据的响应

```
HTTP/1.1 204 No Content
X-Container-Object-Count: 0
X-Container-Meta-Book: MobyDick
X-Container-Meta-Subject: Whaling
Content-Length: 0
X-Container-Bytes-Used: 0
```

6. 删除容器元数据

删除容器元数据可以通过发送一个空值给该元数据来完成，比如 X-Container-Meta-Book，和前面描述的删除账号的元数据一样，如果你使用的工具不支持头部数据的值为空的话，你可以使用 X-Remove-Container-Meta-Book:x 来完成。

例题 5.53 删除容器元数据的请求

```
POST /v1/<account>/<container> HTTP/1.1
X-Auth-Token: AUTH_tk60237970bbce544v7dbbc78a88ce9a
X-Remove-Container-Meta-Book: x
```

5.2.4 存储对象服务

一个对象表示一个存储在 Swift 集群中的文件的数据以及元数据。通过 REST 接口，一个对象的元数据可以通过在请求中添加用户定义的 HTTP 头部，而数据本身作为请求的正文。对象的大小不能超过 5GB，对象名字的长度不能超过 1024 字节。超过 5GB 的对象可以通过分块来存放，而在下载的时候再进行连接。

表 5.3 对象操作命令

操作	URL	描述
GET	/account/container/object	获取对象详细信息
PUT	/account/container/object	创建或上传对象
PUT	/account/container/object	分块上传对象
DELETE	/account/container/object	删除指定的对象
HEAD	/account/container/object	获取对象的元数据
POST	/account/container/object	更改对象的元数据

1. 获取对象的详细信息

对对象 URL 进行 GET 操作可以获取对象的数据。通过使用一些 HTTP 头部，用户可以进行有条件的 GET 操作。Swift 支持下述 HTTP 头部。

- If-Match
- If-None-Match
- If-Modified-Since
- If-Unmodified-Since

另外，用户也可以使用 HTTP 的 Range 头部来获取满足条件的数据。现在，Swift 还不能支持 Range 的全部功能，但是能够支持最基本的功能。Swift 只支持单一范围，包括 OFFSET、LENGTH。Swift 支持 OFFSET-LENGTH，如果只有 OFFSET 或者 LENGTH 是可选的，但不能同时都是可选的。下面是一些 Swift 支持的格式举例。

- Range: bytes= -5 ——对象的最后 5 个字节。
- Range: bytes=10-15 ——对象的第 10 个字节后的 5 个字节。
- Range: bytes=32- ——对象的第 32 个字节后的所有数据。

例题 5.54 获取对象细节的请求

```
GET /v1/<account>/<container>/<object> HTTP/1.1
X-Auth-Token: AUTH_tk60237970bbce544v7dbbc78a88ce9a
```

对象的数据将在响应的正文部分返回。对象的元数据通过 HTTP 头部返回。

例题 5.55 获取对象细节的响应

```
HTTP/1.1 200 Ok
Last-Modified: Fri, 12 Jun 2010 13:40:18 GMT
ETag: b0dffe8254d152d8fd28f3c5e0404a10
Content-Type: text/html
Content-Length: 512000
[......]
```

2. 创建或更改对象

PUT 操作用来写或者更改对象的数据和元数据。为了保证数据的完整性，用户可以把对象的 MD5 校验和通过 ETag 头部传送给系统。你并不需要一定包含 ETag，但是我们还是建议使用 ETag 以便 Swift 可以成功地存储你的对象的数据。

另外，通过在 PUT 请求中使用 X-Delete-At 或 X-Delete-After 头部来指定一个对象在给定的时间将会过期。当 Swift 发现这些头部后，系统将会在到达指定时间后自动停止提供对该对象的服务。然后，将会在短期内将该对象删除掉。

响应请求时，系统也会把写到存储系统中的该对象的 MD5 校验和通过头部返回。如果你在写对象的时候没有传送 MD5 校验和，那么你应该把系统返回的 MD5 校验和与你本地内容的 MD5 校验和进行对比，以便确保数据的完整性。

用户还可以通过 HTTP 头部为对象定义更多的元数据。这些头部可以是格式 X-Object-Meta-*，或在 object-server 配置文件中 allowed_headers 选项中给定的其他头。

例题 5.56 创建或更改对象的请求

```
PUT /v1/<account>/<container>/<object> HTTP/1.1
X-Auth-Token: AUTH_tk60237970bbce544v7dbbc78a88ce9a
ETag: b0dffe8254d152d8fd28f3c5e0404a10
Content-Length: 512000
X-Obect-Meta-PIN: 1234
[......]
```

对该请求的响应没有正文部分。如果返回的状态值是 201（Created），则表明写数据成功；如果是 411（Length Required），则表明请求中忘记提供了 Content-Length 或 Content-Type 头部。如果 MD5 校验和与写到存储系统中的数据的 MD5 校验和不一致，则会返回状态 422（Unprocessable Entity）。

例题 5.57 创建或更改对象的响应

```
HTTP/1.1 201 Created
ETag: b0dffe8254d152d8fd28f3c5e0404a10
Content-Length: 0
Content-Type: text/plain; charset=UTF-8
```

3. 上传不知数据量大小的对象

即使在事前不知道数据量大小的情况下，用户仍然可以上传数据。用户需要在 HTTP 头部说明 Transfer-Encoding:chunked，并且不使用 Content-Length 就可以。需要使用这种方法的一个用例就是数据库导出，把数据库里的数据用 gzip 导出，然后再直接把该数据上传到 Swift。这样就不需要先把数据写入一个缓存文件来计算数据量的大小。如果用户上传的数据量超过 5GB，系统将会在 5GB 后关闭 TCP/IP，并且把用户的数据从系统中清除出去。用户必须保证需要上传的数据量不会超过 5GB，或者把数据分成 5GB 大小的数据块，每个数据块存储到一个对象。请参考后面的章节，创建大对象。

例题 5.58 上传不知数据量大小的数据的请求

```
PUT /v1/<account>/<container>/<object> HTTP/1.1
X-Auth-Token: AUTH_tk60237970bbce544v7dbbc78a88ce9a
Transfer-Encoding: chunked
X-Obect-Meta-PIN: 1234
19
A bunch of data broken up
```

```
D
into chunks.
0
```

在这里对上述代码做进一步解释，“分块传输编码”(Chunked Transfer Encoding)是 HTTP 协议的一种数据传输机制。Chunked 编码的基本方法是将大块数据分解成多块小数据，每块都可以自指定长度。每个数据块的格式如下。

数据块的长度（16 进制）
数据块内容
最后一个数据块的长度为 0

在上面的例题中包含 3 个数据块。第一个数据块的长度是 0x19（25），第二个数据块的长度是 0xD（13），第三个数据块的长度是 0x0（0）。注意，第二个数据块的第一个字符是空格。

例题 5.59 上传不知数据量大小的数据的响应

```
HTTP/1.1 201 Created
ETag: b0dffe8254d152d8fd28f3c5e0404a10
Content-Length: 0
Content-Type: text/plain; charset=UTF-8
```

4. 复制对象

设想你在上传对象的时候，可能把对象的名字或者内容的类型搞错了，或者你需要把一些对象移动到另一个容器，如果 Swift 系统不提供在服务器端的复制操作的话，你就不得不重新上传这些数据，然后再删除原来上传的数据。通过使用服务器端的复制操作，你可以节省掉重新上传数据的工作，这也会节省你使用网络带宽的费用。

Swift 系统提供了两种复制方式。第一种是使用 PUT 操作创建新的对象，但需在 PUT 请求的头部添加“X-Copy-From”指向被复制的对象，其格式是“/<container-name>/<object-name>”。容器名和对象名必须是 UTF-8 编码后，再进行 URL 编码。还有就是，PUT 请求必须包含“Content-Length”的头部，即使其值为 0。

例题 5.60 对象复制方法 1

```
PUT /v1/<account>/<destcontainer>/<destobject> HTTP/1.1
X-Auth-Token: AUTH_tk60237970bbce544v7dbbc78a88ce9a
X-Copy-From: /<srccontainer>/<srcobject>
Content-Length: 0
```

对象复制的第二种方式是使用 COPY 操作。对需要被复制的对象进行 COPY 操作，在请求的头部包含“Destination”来指明复制后的对象的名字和容器，其值的格式为“/<container-name>/<object-name>”。

例题 5.61 对象复制方法 2

```
PUT /v1/<account>/<srccontainer>/<srcobject> HTTP/1.1
X-Auth-Token: AUTH_tk60237970bbce544v7dbbc78a88ce9a
Destination: /<destcontainer>/<destobject>
```

不论是使用哪个方法，目的容器在执行复制操作前都必须已经存在。

如果你是想移动，而不是想复制对象，那么你需要在完成 COPY 操作之后，对原来的对象发送一个 DELETE 操作。也就是说，一个移动操作相当于 COPY + DELETE。

在进行 COPY 操作的时候，你可以在请求头部对要复制的对象的元数据进行修改。比如说，你需要复制一个对象，但是你希望把该对象的 Content-Type 改变为一个新值。这也是唯一的改变一个对象 Content-Type 的方法。

5. 删除对象

对对象进行 DELETE 操作将彻底把该对象的数据以及元数据从系统中删除掉。删除操作会得到立即执行，随后的 GET、HEAD、POST 或 DELETE 操作都会返回 404（Not Found）错误。

对于那些通过 X-Delete-At 或 X-Delete-After 请求头部设置了删除时间的对象，系统将会在给定时间的一天之内完成删除，但是这些对象会在给定时间立即不再响应任何服务请求。

例题 5.62 删除对象的请求

```
DELETE /v1/<account>/<container>/<object> HTTP/1.1
X-Auth-Token: AUTH_tk60237970bbce544v7dbbc78a88ce9a
```

对请求的响应没有正文部分。如果删除成功，会返回 2xx 状态值；如果对象不存在，则返回 404(Not Found)。

6. 获取对象的元数据

对对象进行 HEAD 操作可以获取对象的元数据。

例题 5.63 获取对象元数据的请求

```
HEAD /v1/<account>/<container>/<object> HTTP/1.1
X-Auth-Token: AUTH_tk60237970bbce544v7dbbc78a88ce9a
```

响应没有正文部分，元数据通过 HTTP 头部返回。响应的状态值和其他操作一样。

例题 5.64 获取对象元数据的响应

```
HTTP /1.1 200 OK
Last-Modified: Fri, 12 June 2010 13:40:18 GMT
ETag: 8a964ee2a5e88be344f36c22562a6486
Content-Length: 512000
Content-Type: text/plain; charset=UTF-8
X-Object-Meta-Meat: Bacon
X-Object-Meta-Fruit: Apple
```

```
X-Object-Meta-Veggie: Carrot
X-Object-Meta-Dairy: Milk
```

7. 更改对象的元数据

对对象进行 POST 操作可以添加或更改对象的用户定义的元数据。POST 操作也可以用来对 HTTP 头部的 X-Delete-At 或 X-Delete-After 进行赋值。但是 POST 不能用来更改其他 HTTP 头部的值，比如说 Content-Type、ETAG 等。元数据必须以 X-Object-Meta-开始。特别要提醒的是 POST 不能用来上传对象，上传对象需要使用 PUT 操作。

例题 5.65 更改对象元数据的请求

```
POST /v1/<account>/<container>/<object> HTTP/1.1
X-Auth-Token: AUTH_tk60237970bbce544v7dbbc78a88ce9a
X-Object-Meta-Fruit: Pear
X-Object-Meta-Veggie: Cabbage
```

特别需要注意的是，POST 操作将会把该对象原来的用户定义的元数据全部删除，而只保留该次操作新设置的值。所以在执行完该操作以后，如果我们再去用 HEAD 操作获取该对象的元数据，那么返回的值将只包含 X-Object-Meta-Fruit: Pear 和 X-Object-Meta-Veggie 这两项。在例题 5.64 中的其他两项 X-Object-Meta-Meat: Bacon 和 X-Object-Meta-Dairy: Milk 将不存在。

5.3 利用 curl 使用 Swift 存储服务

curl 是一个基于命令行的应用工具，提供利用 URL 标准进行文件传输的功能。目前其已经支持非常多的流行的互联网协议，如 FTP，FTPS，HTTP，HTTPS，SCP，SFTP，TFTP，TELNET，DICT，LDAP，LDAPS 和 FILE 等。curl 支持 SSL 认证，HTTP POST/PUT，FTP 上传，HTTP 上传、代理、Cookies、用户密码认证、文件续传、代理管道等一系列强大功能。

curl 是用 C 语言写的，但是绑定了很多开发语言。总体上来讲，可以把 curl 分成命令行工具和 libcurl 库两个部分，命令行工具可以直接输入指令完成相应功能，libcurl 则是一个客户端 URL 传输库，线程安全且兼容 IPv6，可以非常方便地用来做相关开发。我们只介绍如何用 curl 命令行工具来执行 HTTP 请求。更多关于 curl 的信息可以参考官网 http://curl.haxx.se/。

5.3.1 curl 的安装

从 curl 官方网站上可以直接下载编译好的二进制文件进行安装，也可以从网站上下载源码包，解压缩后由源码编译安装 curl。使用二进制文件安装很简单，下面是在 Ubuntu 操作系统下安装的过程。

```
sudo apt-get install curl libcurl3 libcurl3-dev php5-curl
sudo /etc/init.d/apache2 restart
```

5.3.2 curl 简单使用

HTTP 用来从 WEB 服务器获得数据。它也是一种建筑在 TCP/IP 之上的简单协议。HTTP 允许从客户端向服务器端发送数据，这些数据有多种不同的操作方法。HTTP 是一些 ASCII 文字行，这些 ASCII 文字从客户端发送给服务器端来请求一个特别的操作。然后，服务器端在发送给客户端的实际请求内容之前回应一些文字行。

一般来讲，大家都使用 Web 浏览器作为客户端和 Web 服务器端进行通信。 curl 是一个可以用 HTTP 协议进行通信的命令行客户端。使用 curl 和 Web 服务器通信的大致过程如下。

- curl 发送一个 HTTP 请求，该请求包含一个操作方法（GET、PUT、POST、HEAD 等）、一组请求头，有些时候还会携带一些请求消息体。
- HTTP 服务器响应一个状态行（表明操作结果是否成功）、响应头，大多数情况下还有响应消息体。消息体部分是你请求的实际数据，比如 HTML 或者图片等。

例题 5.66 获取网页

```
# curl http://qq.com
```

在终端窗口发送上述命令后，你会获得该网页的 Web 页面，这就是 URL 指向的完整的 HTML 文档。

curl 的功能很强大，具有好多选项。我们主要使用下面几个选项。

- −X METHOD： 指定请求的 HTTP 操作 (HEAD、GET、PUT、POST 等)
- −i： 要求把 HTTP 响应的头部也显示到窗口
- −H HEADER： 在请求中添加一个 HTTP 头部

5.3.3 认证

为了使用 Swift 的 HTTP API，用户必须首先获取一个认证令牌，然后在后续的请求中都需要通过使用 X−Auth−Token 头部传送给服务器端。下面的例题描述了如何使用 curl 来获取认证令牌和存储系统的 URL。

例题 5.67 获取认证令牌和存储服务 URL

```
curl -i \
    - H "X-Auth-Key: jdoeseretpassword"\
     - H "X-Auth-user: jdoe"\
     https://auth.api.yourcloud.com/v1.0
```

```
HTTP/1.1 204 No Content
Date:Thu, 09 Jul 2009 15:31:39 GMT
Server:Apache/2.2.3
X-Storage-Url:https://storage.swiftdrive.com/v1/CF_xer
7_343
X-Auth-Token:fc81aaa6-98a1-9ab0-94ba-aba9a89aa9ae
```

```
Content-Length:0
Connection:close
Content-Type:application/octet-stream
```

存储服务的 URL 和认证令牌都通过响应的头部返回给用户，X-Storage-Url 和 X-Auth-Token。在获得认证之后，用户可以使用 curl 对存储服务发送 HEAD、GET、DELETE、POST 以及 PUT 操作请求。

5.3.4 获取集群存储使用情况

HEAD 操作请求可以获得用户在集群存放了多少数据和使用了多少容器等信息。用-X 选项指明 HTTP 操作，-i 选项要求把响应的头部内容也显示在客户端上。

例题 5.68 获取存储空间信息

```
curl -X HEAD -i \
  -H "X-Auth-Token:fc81aaa6-98a1-9ab0-94ba-aba9a89aa9ae" \
https://storage.swiftdrive.com/v1/CF_xer7_343

HTTP/1.1 204 No Content
Date:Thu, 09 Jul 2009 15:38:14 GMT
Server:Apache
X-Account-Container-Count:22
X-Account-Bytes-used:9891628380
Content-Type:text/plain
```

HTTP 请求必须要包含传送认证令牌的头部：X-Auth-Token。HTTP 响应的头部给出了该用户使用了 22 个容器以及 9891628380 个字节的存储空间。

5.3.5 创建容器和获取容器列表

Swift 存储服务的最简单操作就是列出用户有多少个容器。

例题 5.69 获取容器列表

```
curl -X GET -i \
  -H
"X-Auth-Token:fc81aaa6-98a1-9ab0-94ba-aba9a89aa9ae" \
  https://storage.swiftdrive.com/v1/CF_xer7_343

HTTP/1.1 204 No Content
X-Account-Object-Count:0
X-Account-Bytes-used:0
X-Account-Container-Count:0
Accept-Ranges: bytes
```

```
X-Trans-Id: txe8ca5138ac8643ec84070543a0c9c91e
Content-Length: 0
Date: Mon, 07 Nov 2011 17:07:01 GMT
```

用户通过 X-Auth-Token 头部传送认证操作时获得的认证令牌，通过-X 选项说明要进行 GET 操作，结果表明该用户没有任何容器（X-Account-Containers-Count: 0），没有任何对象（X-Account-Object-Count:0），当然也就没有使用任何存储空间（X-Account-Bytes-Used:0）。

现在让我们创建一个容器。

例题 5.70 创建容器

```
Curl -X PUT -i \
  -H
 "X-Auth-Token:fc81aaa6-98a1-9ab0-94ba-aba9a89aa9ae" \
  https://storage.swiftdrive.com/v1/CF_xer7_343/george

HTTP/1.1 201 Created
Content-Length:18
Content-Type: text/html; charset=UTF-8
X-Trans-Id: txb25576385284476d9fa6c73835f21650
Date: Mon,  07 Nov 2011 17:44:20 GMT
201 Created
```

把要创建的容器的名字添加到存储服务的 URL 后面，并且使用 PUT 操作来创建一个容器。

下面让我们再重新看一下该用户的容器个数。

例题 5.71 再次获取容器列表

```
curl -X GET -i  \
  -H "X-Auth-Token:fc81aaa6-98a1-9ab0-94ba-aba9a89aa9ae" \
  https://storage.swiftdrive.com/v1/CF_xer7_343
HTTP/1.1 200 OK
X-Account-Object-Count:0
X-Account-Bytes-used:0
X-Account-Container-Count:1
Accept-Ranges: bytes
Content-Length: 7
Content-Type:  text/plain; charset=utf-8
X-Trans-Id:txaedd6b080626453399c9f5febbddb73b
Date: Mon, 07 Nov 2011 17:44:23 GMT
George
```

现在你可以看见该用户拥有一个容器，名字为george。

5.3.6 分页返回容器列表

如果一个用户拥有大量的容器，那么最好能够把这些容器的名字分页返回。假如说用户现在拥有了5个容器。

例题5.72 返回容器列表

```
curl -X GET -i  \
   -H
"X-Auth-Token:fc81aaa6-98a1-9ab0-94ba-aba9a89aa9ae" \
   https://storage.swiftdrive.com/v1/CF_xer7_343

HTTP/1.1 200 OK
X-Account-Object-Count:0
X-Account-Bytes-used:0
X-Account-Container-Count: 5
Accept-Ranges: bytes
Content-Length: 31
Content-Type:  text/plain; charset=utf-8
X-Trans-Id: txb28795cc25b04f0dbce408dfa5a3cfc9
Date: Mon, 07 Nov 2011 19:03:06 GMT

cosmo
dogs
elaine
george
jerry
```

假如用户希望每次只返回2个容器的名称，那么用户仅仅需要在存储服务的URL后面添加"?limit=2"即可。

例题5.73 分页返回容器列表（第一页）

```
curl -X GET -i  \
   -H
"X-Auth-Token:fc81aaa6-98a1-9ab0-94ba-aba9a89aa9ae" \
https://storage.swiftdrive.com/v1/CF_xer7_343?limit=2

HTTP/1.1 200 OK
X-Account-Object-Count:0
X-Account-Bytes-used:0
X-Account-Container-Count:5
```

```
Accept-Ranges: bytes
Content-Length: 11
Content-Type:  text/plain; charset=utf-8
X-Trans-Id:tx940ee02c1a65451e96a2a2532e3a7ce7
Date: Mon, 07 Nov 2011 19:05:30 GMT

cosmo
dogs
```

你可以看见这次系统只返回了 2 个容器名称。为了得到下一页，用户只需要告诉系统上一页的最后一个名称 dogs，即“marker=dogs”。

例题 5.74 分页返回容器列表（后续页）

```
curl -X GET -i  \
   -H
"X-Auth-Token:fc81aaa6-98a1-9ab0-94ba-aba9a89aa9ae" \
https://storage.swiftdrive.com/v1/CF_xer7_343?marker=d
ogs\&limit=2

HTTP/1.1 200 OK
X-Account-Object-Count:0
X-Account-Bytes-used:0
X-Account-Container-Count:5
Accept-Ranges: bytes
Content-Length: 14
Content-Type:  text/plain; charset=utf-8
X-Trans-Id: tx2a69f7ec38c34078a185c5875a4c0e34
Date: Mon, 07 Nov 2011 19:15:00 GMT
elaine
geprge
```

这次返回的容器名称是接着前一页容器的名称的。

5.3.7 内容格式

有时候用户需要返回的内容具有一定的格式，以便下一步进行处理。通过在 URL 添加参数“format=”来选择 json 或者 xml 格式，那么系统就会按照用户的选择来返回结果。

例题 5.75 获取容器列表（JSON 格式）

```
curl -X GET -i  \
   -H
"X-Auth-Token:fc81aaa6-98a1-9ab0-94ba-aba9a89aa9ae" \
```

```
https://storage.swiftdrive.com/v1/CF_xer7_343?format=json

HTTP/1.1 200 OK
X-Account-Object-Count:0
X-Account-Bytes-used:0
X-Account-Container-Count:5
Accept-Ranges: bytes
Content-Length: 187
Content-Type:  application/json; charset=utf-8
X-Trans-Id:txd408573a51d2423c848cba191fbede9b
Date: Mon, 07 Nov 2011 19:17:33 GMT

[{"name":"cosmo", "count":0,"bytes":0},
{"name":"dogs", "count":0,"bytes":0},
{"name":"elaine", "count":0,"bytes":0},
{"name":"george", "count":0,"bytes":0},
{"name":"jerry", "count":0,"bytes":0},]
```

例题 5.76 获取容器列表（XML 格式）

```
curl -X GET -i \
   -H
"X-Auth-Token:fc81aaa6-98a1-9ab0-94ba-aba9a89aa9ae" \
https://storage.swiftdrive.com/v1/CF_xer7_343?format=xml

HTTP/1.1 200 OK
X-Account-Object-Count:0
X-Account-Bytes-used:0
X-Account-Container-Count:5
Accept-Ranges: bytes
Content-Length: 479
Content-Type:  application/xml; charset=utf-8
X-Trans-Id:tx5e5685a15d0b406799b6a425b1150e4c
Date: Mon, 07 Nov 2011 19:17:38 GMT
<?xml version="1.0" encoding="utf-8"?>
<account name="AUTH_a23f73d2-abfb-4656-af94-32ddec35dab8">
<container><name>cosmo</name><count>0</count><bytes>0</by
tes></container>
<container><name>dogs</name><count>0</count><bytes>0</by
tes></container>
<container><name>elaine</name><count>0</count><bytes>0</
```

```
bytes></container>
<container><name>george</name><count>0</count><bytes>0</
bytes></container>
<container><name>jerry</name><count>0</count><bytes>0</
bytes></container>
</account>
```

大家可以看见在采用了格式化输出之后，系统返回了更多的信息。那些信息是每个容器的元数据。

5.3.8 获取容器的元数据

直接在 HEAD 操作请求的 URL 后面添加容器名称，就可以得到该容器的元数据。

例题 5.77 获取容器元数据

```
curl -X HEAD -i \
   -H
"X-Auth-Token:fc81aaa6-98a1-9ab0-94ba-aba9a89aa9ae" \
   https://storage.swiftdrive.com/v1/CF_xer7_343/dogs

HTTP/1.1 204 NO Content
X-Container-Object-Count:0
X-Container-Bytes-used:0
Accept-Ranges: bytes
X-Trans-Id:tx3dd984f9482341dd97546e9d49d65e90
Content-Length: 0
Date: Mon, 07 Nov 2011 20:39:41 GMT
```

5.3.9 删除容器

删除容器使用 DELETE 操作，在 URL 后面添加要删除容器的名称。

例题 5.78 删除容器

```
curl -X DELETE -i \
   -H
"X-Auth-Token:fc81aaa6-98a1-9ab0-94ba-aba9a89aa9ae" \
   https://storage.swiftdrive.com/v1/CF_xer7_343/dogs

HTTP/1.1 204 NO Content
Content-Length: 0
Content-Type: text/html; charset=UTF-8
X-Trans-Id:tx3fa3857f266f44319d9b8f4bf7ce7fc8
Date: Mon, 07 Nov 2011 20:42:58 GMT
```

5.3.10 创建对象

有了容器以后，我们可以上传对象到容器中。假定用户在本地计算机上有一个存放了许多小狗照片的目录。

例题 5.79 本地目录列表

```
$ ls -1
Total 504
-rw-r—r--@ 1 petcj2 ataff  44765 NOV 7 14:49 JingleRocky.jpg
-rw-r—r--@ 1 petcj2 ataff 100864 NOV 7 14:47 RockyAndBuster.jpg
-rw-r—r--@ 1 petcj2 ataff 107103 NOV 7 14:47 SittingBuster.jpg
```

如果要把其中的一张照片上传到名字为“dog”的容器中。

例题 5.80 创建并上传对象

```
curl -X PUT  -i  \
  -H
"X-Auth-Token:fc81aaa6-98a1-9ab0-94ba-aba9a89aa9ae" \
  -T "JingleRockey.jpg"
 https://storage.swiftdrive.com/v1/CF_xer7_343/dogs/Jin
gleRocky.jpg

HTTP/1.1 201 Created
Content-Length: 118
Content-Type:  text/html; charset=UTF-8
Etag: f7d40eceffdd9c2ecab226105737b2a6
Last-Modified: Mon, Nov 2011 22:51:29 GMT
X-Trans-Id:txd131cc897c78403daf5fad010d4d7152
Date: Mon,  07 Nov 2011 22:51:30 GMT
<html>
 <head>
  <title>201 Created</title>
 </head>
 <body>
  <h1>201 Created</h1>
  <br /><br />
 </body>
</html>
```

要上传的文件名字是通过-T 选项来给定的，新创建的对象的名字可以和本地文件的名字不一样，是根据 URL 中容器名字后面部分进行命名的。

我们可以重新获取容器的元数据，来证明刚才的文件的确上传到存储系统中了。

例题 5.81 获取容器元数据

```
curl -X GET -i  \
  -H
"X-Auth-Token:fc81aaa6-98a1-9ab0-94ba-aba9a89aa9ae" \
  https://storage.swiftdrive.com/v1/CF_xer7_343/dogs

HTTP/1.1 200 OK
X-Container-Object-Count:1
X-Container-Read:  .r:*, .rlistings
X-Container-Bytes-Used: 44765
Accept-Ranges: bytes
Content-Length: 16
Content-Type:  text/plain; charset=utf-8
X-Trans-Id:tx83be89d4e1a34eacbfeebcdfc7a7f2e7
Date: Mon, 07 Nov 2011 22:56:25 GMT
JingleRocky.jpg
```

现在可以看到容器的元数据反映了新上传的对象的信息。

5.3.11 分页返回对象列表

和容器列表一样，对象列表也可以分页返回。同样的使用“marker=”参数给定前一页的最后一个对象的名字来告诉系统本页的起始位置。假如我们在上面的容器“dogs”里上传了3个对象，那么就可以使用“limit”参数来进行分页。

例题 5.82 分页对象列表（第一页）

```
curl -X GET -i  \
  -H
"X-Auth-Token:fc81aaa6-98a1-9ab0-94ba-aba9a89aa9ae" \
https://storage.swiftdrive.com/v1/CF_xer7_343/dogs?lim
it=2

HTTP/1.1 200 OK
X-Container-Object-Count:3
X-Container-Read:  .r:*, .rlistings
X-Container-Bytes-Used: 252732
Accept-Ranges: bytes
Content-Length: 35
Content-Type:  text/plain; charset=utf-8
X-Trans-Id:tx5e00fa9fa895423198bc814cb0c6162d
Date: Mon, 15 Nov 2011 03:53:51 GMT
```

```
JingleRocky.jpg
RockyAndBuster.jpg
```

因为指定每页只能有 2 项，所以只返回了前 2 个对象名。

例题 5.83 分页对象列表

```
curl -X GET -i  \
-H
"X-Auth-Token:fc81aaa6-98a1-9ab0-94ba-aba9a89aa9ae"\
https://storage.swiftdrive.com/v1/CF_xer7_343/dogs?mark
er=RockyAndBuster.jpg
\&limit=2

HTTP/1.1 200 OK
X-Container-Object-Count:3
X-Container-Read:  .r:*, .rlistings
X-Container-Bytes-Used: 252732
Accept-Ranges: bytes
Content-Length: 18
Content-Type:  text/plain; charset=utf-8
X-Trans-Id:txe1287a7179dc4dfd98610850a0fff157
Date: Tue, 15 Nov 2011 03:54:21 GMT

SittingBuster.jpg
```

注意在请求中"marker="的值为前一次结果中的最后一个对象的名字。

5.3.12 下载、复制和删除对象

下载对象使用 GET 操作，并且在对象存储系统 URL 后面添加要下载的对象的名字。需要特别注意的是这个请求不能使用-i 选项，因为我们需要把对象的内容通过"管道"存放到一个本地文件中，而不是显示在屏幕上。

例题 5.84 下载对象

```
curl -X GET \
  -H
  "X-Auth-Token:fc81aaa6-98a1-9ab0-94ba-aba9a89aa9ae"  \
  https://storage.swiftdrive.com/v1/CF_xer7_343/dogs/Jin
  gleRocky.jpg >  JingleRocky.jpg
```

前面我们已经介绍过 Swift 对象存储系统为用户提供了在服务器端的对象复制功能。用户使用 PUT 操作来完成，头部"X-Copy-From"指出需要复制的对象以及所在容器的名字，在 URL 上给定目的容器以及新对象的名字。

例题 5.85 复制对象

```
curl -X PUT -i \
    -H
"X-Auth-Token:fc81aaa6-98a1-9ab0-94ba-aba9a89aa9ae"\
-H "X-Copy-From: /dogs/JingleRocky.jpg "\
-H "Content-Length: 0" \
https://storage.swiftdrive.com/v1/CF_xer7_343/elaine/
JingleRocky.jpg

HTTP/1.1 201 Created
Content-Length: 118
Content-Type:  text/html; charset=UTF-8
Etag: f7d40eceffdd9c2ecab226105737b2a6
X-Copied-From: dogs/JingleRocky.jpg
Last-Modified: Mon, Nov 2011 22:51:29 GMT
X-Trans-Id:txd131cc897c78403daf5fad010d4d7152
Date: Mon,  07 Nov 2011 23:23:53 GMT
<html>
 <head>
  <title>201 Created</title>
 </head>
 <body>
  <h1>201 Created</h1>
  <br /><br />
 </body>
</html>
```

删除对象很简单，只要使用 DELETE 操作，并在对象存储 URL 上给定要删除对象的名字以及所在容器的名字就可以了。

例题 5.86 删除对象

```
curl -X DELETE -i \
    -H
"X-Auth-Token:fc81aaa6-98a1-9ab0-94ba-aba9a89aa9ae" \
https://storage.swiftdrive.com/v1/CF_xer7_343/elaine/
JingleRocky.jpg
HTTP/1.1 204 NO Content
Content-Length: 0
Content-Type: text/html; charset=UTF-8
X-Trans-Id:txd45f04422b034e6f8447de400b78cbf3
```

```
Date: Mon, 07 Nov 2011 23:32:39 GMT
```

5.3.13 对象元数据

用户可以给对象添加客户定义的元数据。这可以通过在 POST 操作中添加一个 HTTP 头部实现：X-Object-Meta-<key>，示例如下。

例题 5.87 设置对象元数据

```
curl -X POST -i \
   -H "X-Auth-Token:fc81aaa6-98a1-9ab0-94ba-aba9a89aa9ae" \
-H "X-Object-Meta-Breed: Terrier pit bull mix" \

https://storage.swiftdrive.com/v1/CF_xer7_343/dogs/Jin
gleRocky.jpg
<html>
 <head>
  <title>202 Accepted</title>
 </head>
 <body>
  <h1>202 Accepted</h1>
  The request is accepted for processing. <br /><br />
 </body>
</html>
```

现在再通过 HEAD 操作来读取刚添加的对象元数据。

例题 5.88 获取对象元数据

```
curl -X HEAD -i \
  -H
"X-Auth-Token:fc81aaa6-98a1-9ab0-94ba-aba9a89aa9ae" \

https://storage.swiftdrive.com/v1/CF_xer7_343/dogs/Jing
leRocky.jpg
HTTP/1.1 200 OK
X-Object-Meta-Breed: Terrier pit bull mix"
Last-Modified: Tue,  08 Nov  2011 01:26:49 GMT
Etag: f7d40eceffdd9c2ecab226105737b2a6
Accept-Ranges: bytes
Content-Length: 44765
Content-Type:  image/jpeg
X-Trans-Id:txa8bff9ad7ef844829103c1f9b8c20781
Date: Tue, 08 Nov 2011 01:29:35 GMT
```

5.4 总结

在本章我们主要是讲解如何使用 Swift 对象存储系统提供的服务。我们总共描述了 3 种方式：swift 命令行、HTTP API 以及 curl。实际上 HTTP API 是 Swift 系统的标准界面，swift 命令行以及 curl 命令行的操作经过转换后，通过 HTTP API 来使用 Swift 对象存储系统提供的服务。这三种使用 Swift 服务的方式之间的关系如图 5.1 所示。

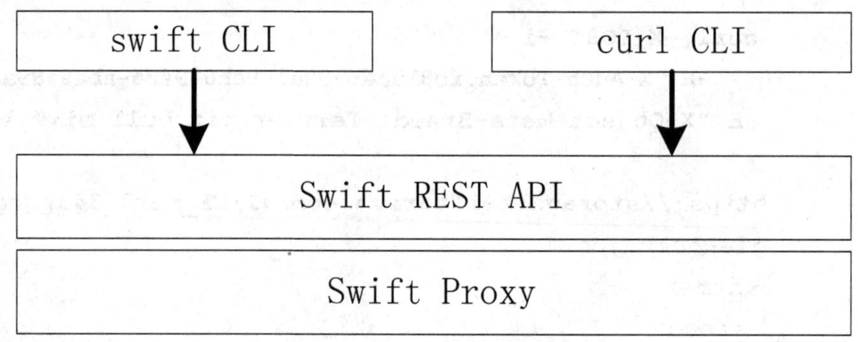

图 5.1 服务、API 和工具 3 者关系

习题

5.1 使用 Swift 存储服务的方式有哪些？

5.2 如何获得 Swift 集群的认证？

5.3 什么是伪层次目录结构？

5.4 假定你在本地文件系统中有个文件目录 vegs， vegs 目录下有两个文件，分别是 carrots.txt、cabbages.txt。如果你使用下面的 swift 命令行上传文件。

$ swift upload vegetables vegs

请给出执行下面 swift 命令的结果。

$ swift list vegetables

5.5 使用 HTTP API 如何获取容器列表？有哪些可选参数，分别代表什么意思？

5.6 如何使用 curl 给对象添加用户定义的元数据？

5.7 如何使用 curl 复制一个对象？

实训

5.1　请分别使用 swift 命令行和 curl 工具在 Swift 集群创建下述容器和对象。

容器：Holidays_学号(元数据：year:2014)

容器内对象：Cambridge (元数据：time：0203)

Oxford(元数据：time：0204)

London(元数据：time：0205)

容器：Sports _学号(元数据：year：2014)

容器内对象：Tennis(元数据：team：yellow)

Badminton(元数据：team：blue)

Soccer(元数据：team：red)

容器：Cars _学号(元数据：year：2014)

容器内对象：BMW(元数据：plate：RK05 TXW)

Benz(元数据：plate：FL52 EEG)

Audi(元数据：plate：DG63 FFL)

PART 6

第 6 章 Swift 的高级特性

主要内容：

- 创建大对象
- 许可和访问控制表
- 多版本对象
- 失效对象
- 客户元数据

本章目标：

- 了解大对象的分类和特点
- 掌握上传大对象的操作命令
- 理解创建大对象的具体步骤
- 掌握授权访问对象的方法
- 掌握各种基本命令操作版本容器
- 掌握设置失效对象的方法
- 掌握设置客户元数据的方法

除了我们在第 5 章介绍的基本的 CRUD 增加读取更新、删除操作以外，Swift API 还提供了许多高级特性，可以用来开发 Swift 应用，从而满足各种使用场景。本章我们对这些高级特性做一个详细的介绍。

6.1 创建大对象

Swift 支持的对象的最大体积是 5GB，但是许多场合需要存储更大的文件。为了能够上传更大的文件，用户必须首先将大的文件分割成不大于 5GB 的分段，然后分别上传它们到同一个容器里，这些对象称作“块对象”。然后再创建一个特别的清单对象（manifest）把块对象联系起来。

块对象没有任何特殊的特性，可以像一般对象一样被创建、更改、下载以及删除。但是，

manifest 是一个特殊的对象。当你下载一个 manifest 对象的时候，系统会把 manifest 所指向的所有块对象的内容连接起来通过响应的正文返回。同样，对 manifest 对象的 HEAD 和 GET 请求，其响应的头部也有一定的改变。Content-Length 的值是所有块对象大小的总和，ETag 的值是把每个块对象的 ETag 值连接起来后的 MD5 校验和。

大对象有两大类，每类的 manifest 不同。

- 静态大对象：manifest 对象的内容是所有块对象名字的有序列表。内容的格式是 JSON。
- 动态大对象：manifest 对象没有任何内容，但是，有一个 X-Object-Manifest 元数据。
- 元数据的值是：<container>/<prefix>，其中<container>是存放块对象的容器的名字，<prefix>是所有块对象名字的前缀。

6.1.1 动态大对象

如上所述，凡是大于 5GB 的对象都必须进行分割，然后你可以像对一般对象一样把这些块对象进行上传，并且创建一个 manifest 对象来告知 Swift 系统如何能够找到大对象的各个块。每个块对象仍然可以单独访问，但是当获取 manifest 的时候，系统会把所有的块连接起来。一个动态大对象能够拥有块的个数是没有限制的。

为了保证对象下载的正确性，用户必须上传所有的块对象到同一个容器里，每个对象的名字必须拥有同样的前缀，并且名字的次序必须和需要连接的次序相同。另外，用户还必须创建和上传一个 manifest 对象。该对象只包含 X-Object-Manifest:<container>/<prefix> 头部数据项，其中，<container>为存放对象块的容器，<prefix>为所有块名字的共同前缀。

最好是先把所有的块上传以后，再创建更新 manifest。这样就能够保证直到整个大对象的数据都上传完毕后，才能够下载。用户也可以上传一组新的块到另一个容器里，然后更改原来的 manifest 去指向新上传的块。在上传新块的时候，原来的大数据还可以继续下载使用。

例题 6.1 上传大对象块的请求

```
PUT /v1/<account>/<container>/<object> HTTP/1.1
X-Auth-Token: AUTH_tk60237970bbce544v7dbbc78a88ce9a
ETag: 8a964ee2a5e88be344f36c22562a6486
Content-Length: 1
X-Object-Meta-PIN:1234
S
```

例题 6.2 上传大对象块的响应

响应没有正文。如果返回的状态值为 2xx，则说明上传成功，411（Length Required）说明请求头部缺少了 Content-Length 或者 Content-Type。如果上传的数据的 MD5 校验和与请求头部提供的 ETag 的值不一致，那么将返回 422（Unprocessable Entity）。

在上传 manifest 以前，用户可以继续上传其他对象块。

例题 6.3 上传下一个大对象块的请求

```
PUT /v1/<account>/<container>/<object> HTTP/1.1
X-Auth-Token: AUTH_tk60237970bbce544v7dbbc78a88ce9a
ETag: 8a964ee2a5e88be344f36c22562a6486
Content-Length: 1
X-Object-Meta-PIN: 1234
W
```

下面是上传 manifest 对象的请求。

例题 6.4 上传 manifest 的请求

```
PUT /v1/<account>/<container>/<object> HTTP/1.1
X-Auth-Token: AUTH_tk60237970bbce544v7dbbc78a88ce9a
Content-Length: 0
X-Object-Meta-PIN: 1234
X-Object-Manifest: container/object/segments
```

对于动态大对象来讲，上传对象块和 manifest 的次序没有关系。如果在上传 manifest 后再继续上传对象块，那么连接起来的对象会变大，但是用户没有必要重新创建 manifest 对象。

6.1.2 静态大对象

创建大对象分两个步骤进行。第一步，把大对象分割成多块，然后通过上传每块到 Swift 系统创建块对象。为了检查上传对象的完整性，用户需要记录系统通过 ETag 返回的 MD5 校验和。用户也可以在上传前先计算好块的 MD5 校验和并通过 ETag 在上传请求中发送给系统。系统会通过这个值来确保上传数据的完整性。

第二步，创建一个 manifest 对象，按顺序列出块对象的名字以及其大小和 MD5 校验和。上传时需要在 PUT 操作的参数中添加? multipart-manifest=put。PUT 操作的正文部分是一个 json 格式的列表，其中每一项都包含下面的信息。

- path：块对象名字和所在容器的名字<container-name>/<object-name>。
- etag：块对象内容的 MD5 校验和。这个值必须与对象的 ETag 值一致。
- size_bytes：块对象的大小。这个值必须与对象的 Content-Length 值一致。

例题 6.5 静态大对象 manifest 列表

```
[
    {
        "path": "mycontainer/objseq1",
        "etag": "0228c7926b8b642dfb29554cd1f00963",
        "size_bytes": 1468006
    },
```

```
        {
            "path": "mycontainer/seq-obj2",
            "etag": "5bfc9ea51a00b790717eeb934fb77b9b",
            "size_bytes": 1572864
        },
        {
            "path": "mycontainer/seq-final",
            "etag": "b9c3da507d2557c1ddc51f27c54bae51",
            "size_bytes": 256
        }
    ]
```

需要注意的是，在上传 manifest 对象的请求头部的 Content-Length 的值必须是上面 json 内容的大小，而不是块对象的大小。但是当 manifest 对象上传完成以后，Content-Length 元数据的值会设置成所有块对象长度的总和。ETag 的情形也类似。如果用户在上传 manifest 对象的请求中使用 ETag 的话，其值必须是上面 json 内容的 MD5 校验和。但是，上传完毕后，ETag 元数据的值会设置为把所有块对象的 ETag 连接以后的结果的 MD5 校验和。

在处理 PUT 操作的时候如果看到？ multipart-manifest=put 的参数，系统会读取请求的正文部分，也就是上面描述的 json 内容，然后确认内容中列出的所有块对象都存在，并且每个块对象的长度和 ETag 都一致。任何不一致的地方都会导致上传 manifest 的操作失败。如果没有不一致的地方，manifest 对象就创建成功。X-Static-Large-Object 元数据设置为 true。

一般来说，当你对 manifest 对象进行 GET 操作的时候，得到响应的正文部分是所有块对象内容连接后的整体数据。如果你仅仅是想得到 manifest 对象中关于块对象的列表，那么你必须在 GET 操作请求中添加?multipart-manifest=get 的参数。

如果你对 manifest 对象进行 DELETE 操作，将会导致 manifest 对象得到删除，但是不会对其指向的块对象有任何影响。如果你想把块对象和 manifest 对象也一起删除，那么你需要在请求中添加?multipart-manifest=delete 参数。

6.1.3 静态和动态大对象的比较

上面我们对静态和动态大对象进行了介绍。尽管两类大数据的行为很接近，但是还是存在一些差别。用户需要对每类大对象的特性有清楚地了解，以便能够对所需要的类型做出正确的选择。表 6.1 对这两类大对象的特点进行了总结和对比。

表 6.1 静态大对象和动态大对象的比较

特性	静态大对象	动态大对象
端到端数据完整性	保证	不保证
上传次序	块对象必须在 manifest 对象前上传完毕	块对象和 manifest 对象可以按任何次序上传
增减块对象的个数	不能增减	可以增减
块对象容器的名字	块对象可以存放在不同的容器	所有块对象必须在同一个容器中
块对象的大小和个数	块对象的大小至少要 1MB 大，最后一个可以是任意大小。最多可以有 1000 个块对象	块对象可以是任何大小

续表

特性	静态大对象	动态大对象
Manifest 的元数据	当用户 PUT 静态大对象时系统把 X-Static-Large-Object 置为 true	用户通过 PUT 请求的头部传递 X-Object-Manifest 的值：<container>/<prefix>
复制 manifest	在使用 COPY 操作的时候添加 ?multipart-manifest=get 参数	用 GET 获取 X-Object-Manifest 的值，再把该值赋给 PUT 操作头部的 X-Object-Manifest。这样会创建一个和原来的 manifest 共享同一组块对象的新 manifest 对象

如果被复制的原对象是一个 manifest 对象，那么 COPY 操作将会首先把所有的块对象的内容连接后再复制到目的对象。需要注意的是连接后的数据不能超过 5GB。但是，如果是静态大对象的 manifest 对象，那么可以通过在 COPY 请求的头部添加?multipart-manifest=get 的参数来说明你是要复制 manifest 对象，而不是大数据对象，从而可以把 manifest 对象复制为一个新的 manifest 对象。新的 manifest 对象将具有和原 manifest 同样的内容，也就是同时指向同样一组块对象。

6.2 许可和访问控制表

Swift 的基本配置不允许没有认证的用户来访问上传到 Swift 集群的对象。只有获得你的账号认证令牌的客户才能访问你上传的对象。这就意味着客户程序必须在每次提交请求的时候都通过 X-Auth-Token 头部提交认证令牌，并且这个认证令牌必须是针对你的账号的。如果客户试图在没有相应授权的情况下访问对象资源，Swift 将会拒绝该请求并返回 HTTP 403（Forbidden）。

但是有时候，用户可能需要让其他 Swift 用户来访问他账号里的对象和容器，用户也有可能愿意让公众不需要授权就可以访问一些对象。为了能够满足这些需求，Swift API 允许用户给容器和对象提供访问控制表（ACLs）来指出哪些用户可以访问哪些容器和对象。

例题 6.6 授权用户访问容器

为了让 Goldilocks 能够访问你的 ThreeBears 容器，你可以通过下面 HTTP API 的 POST 方法，在 X-Container-Read 请求头部定义读 ACL 表。

```
POST /v1/<account>/ThreeBears HTTP/1.1
Content-Length: 0
X-Auth-Token: AUTH_tk60237970bbce544v7dbbc78a88ce9a
X-Container_Read: Goldilocks
```

你也可以通过下面的 swift post 命令进行授权。

```
$swift post -read-acl Goldilocks ThreeBears
```

现在用户 Goldilocks 就可以读取你的 ThreeBears 容器里的所有对象，并且可以下载这些对象。

例题 6.7 授权用户上传对象到容器

如果你想让 Goldilocks 还能上传对象到你的 ThreeBears 容器，你可以使用同样的方法给它写权限。

```
$swift post -write-acl Goldilocks ThreeBears

POST /v1/AUTH_account/ThreeBears HTTP/1.1
Content-Length: 0
X-Auth-Token: AUTH_tk60237970bbce544v7dbbc78a88ce9a
X-Container_Write: Goldilocks
```

例题 6.8 授权大众下载容器里的对象

如果你希望大众而不是一些用户可以下载 animals 容器里的对象，这时候，显然不可能通过上面列举用户名的方式来授权。为了授权给大众，你就需要使用 HTTP Reference 头部来构造读 ACL 表，而不是使用用户名。

```
$swift post -read-acl '.referer:*, .rlistings'  animals
```

例题 6.9 大众获取容器里的对象列表

通过上面的操作给大众授予对 ThreeBears 的下载权限以后，任何一个用户都可以对 ThreeBears 容器的对象进行列表。

```
$curl https://swift/v2.0/AUTH_account/animals
bears.txt
lions.txt
tigers.txt
```

例题 6.10 大众获取容器里的对象

通过上面的操作给大众授予对 ThreeBears 的下载权限以后，任何一个用户都可以对 ThreeBears 容器的对象进行下载。

```
$curl https://swift/v2.0/AUTH_account/animals/bears.txt
Three Bears, once on a time, did dwell
Snug in a house together,
Which was their own, and suited well
By keeping out the weather.
```

·referrer 的语法格式比较难懂，我们在后面会做进一步解释。注意 Swift 是不允许没有得到认证的用户上传对象的，写 ACL 并不支持.referrer 的语法。

6.3 多版本对象

Swift 经常用来存储备份文件。备份文件一般会把时间戳添加在文件名上。通过这种方式可以避免新的备份文件把旧的备份文件覆盖掉。这样就可以在必要的时候恢复前面的备份文件。大家称这种备份文件是版本化的备份文件。

通过使用多版本对象机制，用户可以存储一个对象的多个版本的内容。如果不小心把一个版本覆盖或者删除掉的话，还可以从老的版本来恢复失去的内容。

Swift 本身就支持多版本对象，并且可以对任何类型的内容进行版本控制。为了清晰起见，用户最好是把当前版本的对象和老版本的对象保存在不同的容器里。也就是说，把对象的最新版本放在一个容器里，把所有老版本放在另一个容器里。一旦用户设置了一个容器为版本化的容器，那么对这个容器里的任何一个对象进行修改的时候，Swift 都会把原来的对象移到老版本的容器里。每一个老版本的对象名字都包含有该版本的创建时间戳，所以用户从名字上就知道其创建的时间。

例题 6.11 版本对象的命名规则

```
<length><object_name><timestamp>
```

其中：<length>是<object_name>一个 3 位的十六进制数，用来表明<object_name>的长度，<timestamp>是该对象版本创建的时间（按 UNIX 的时间戳的方式）。

为了使用 Swift 支持版本化容器的功能，Swift 系统的存储管理员必须把系统的容器配置文件 /etc/swift/container-server.conf 里的 allow_versions 选项设置为 True，然后重新启动容器服务器。

为了设置一个容器为版本化容器，用户需要创建一个相应的用来存储老版本内容的容器。然后当对源容器，也就是存放当前版本的容器，发送 PUT 请求，并在请求的头部添加 X-Versions-Location，把源容器和存储老版本的容器联系起来。

例题 6.12 版本化容器的建立

把源容器“backups”和用来保存老版本的容器“backup_versions”绑定在一起。

```
PUT  /v1/AUTH_account/backups HTTP/1.1
X-Auth-Token: AUTH_tk60237970bbce544v7dbbc78a88ce9a
X-Version-Location: backup_versions
```

在第一次把一个对象上传到“backup”容器的时候，不会往“backup_versions”容器添加任何东西。只有当对源容器 backups 里的对象进行改变的时候，系统会创建一个新的对象在容器“backup_vrsions”中。

源容器与版本容器之间的关系如图 6.1 所示。

例题 6.13 上传新的对象版本

我们对“backups”里的 important.txt 做些改变，然后再上传到 backups 容器。

```
$ echo "changes, for better or worse" >> important.txt
$ swift upload backups important.txt
$ swift list backup_versions
00dimportant.txt/1362713934.04880
```

现在可以看见原来版本的 important.txt 文件转移到 backup_verions 容器中了。

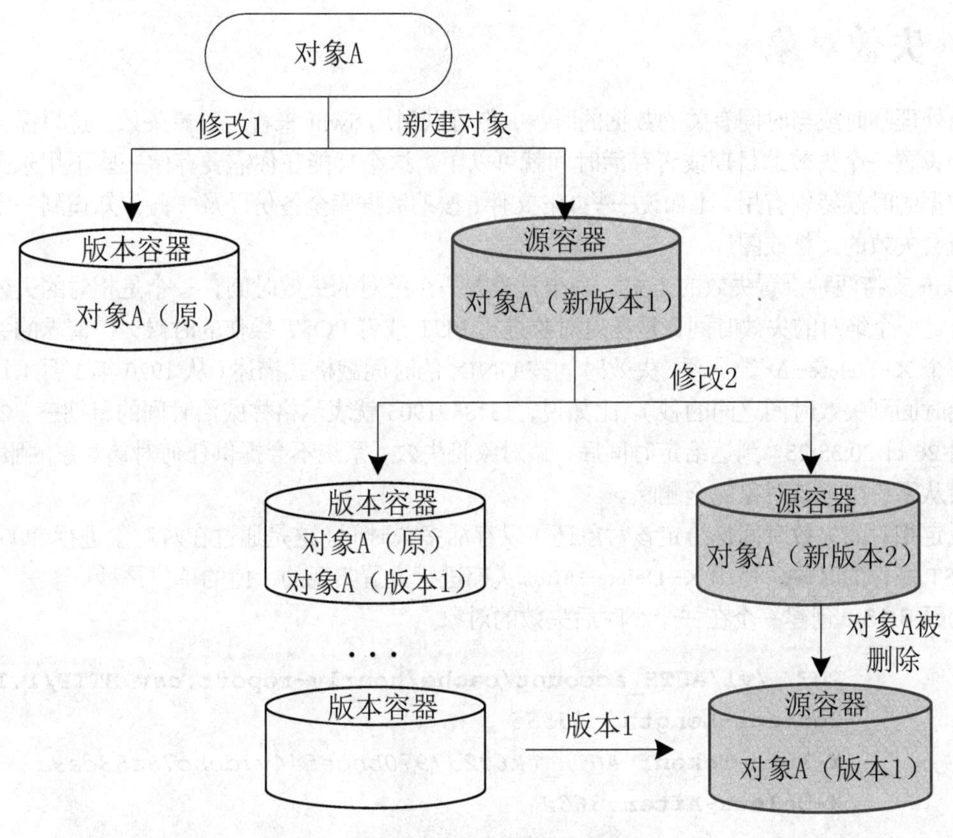

图 6.1　源容器与版本容器关系

如果系统返回的代码是 2xx，比如 202（Accepted），就说明该请求得到了成功地执行。如果返回的状态代码为 4xx 或 5xx，就说明执行失败，用户需要重新提交该请求。需要注意的是，当你对备份对象进行修改的时候，如果系统返回状态代码是 412（Precondition Failed），这说明你给定的容器不存在，这时候，你就需要检查你给定的容器是不是存在。

例题 6.14　删除多版本的对象

如果你把 important.txt 对象从 backups 容器里删除掉，那么老版本容器 backup_versions 里的最新的那个版本将会重新转移到 backup 容器里。

```
$ swift delete backups important.txt
$ swift download -output -backups important.txt
<The original file contents.>
```

swift 的 download 命令的 -output 选项将把对象的内容直接显示在屏幕上。从显示的结果可以看出显示的内容是该对象原来的内容。

如果需要把一个多版本的对象彻底地从存储系统中删除，那么用户就需要做多次删除工作。如果那个对象有 5 个版本，那么用户就需要进行 5 次 DELETE 操作。

如果用户想把已经多版化的容器的多版本备份功能去掉，用户只需要把该容器的 X-Versions-Location 元数据项取消就可以了。

6.4 失效对象

当处理临时或与时间有关的数据的时候，你可以利用 Swift 来管理对象失效。这只需要在对象上设置一个失效的日期或者存活时间就可以了。这个功能在你需要存储一些不用永久保存的数据的时候特别有用，比如说一些 log 文件，按期数据库全备份以及一些你知道到一定时间后就会失效的文档或图片。

Swift 支持两种设置失效的方式，一个是设置一个绝对的失效时间，一个是相对的失效时间。设定一个绝对的失效时间，是在对对象进行 PUT 或者 POST 操作的时候，在请求的头部添加一个 X-Delete-At 数据项，失效时间按 UNIX 的时间戳格式描述（从 1970 年 1 月 1 日格林威治时间到失效时间之间的秒）。比如说，1348691905 就表示格林威治时间的星期三，2012 年 9 月 26 日 20:38:25。到达给定时间后，该对象将失效，系统不会提供任何对该对象的服务，并且会从系统中把该对象完全删除。

设定相对的失效时间是给定该对象还可以存活多久时间。这是通过在对对象进行 PUT 或者 POST 操作的时候，使用 X-Delete-After 头部进行设置实现的，值的单位是秒。

例题 6.15 创建一个在一个小时后失效的对象

```
PUT  /v1/AUTH_account/cache/hourly-report.csv HTTP/1.1
Content-Length: 65536
X-Auth-Token: AUTH_tk60237970bbce544v7dbbc78a88ce9a
X-Delete-After:3600
```

在这个例题里，在创建 hourly-report.csv 对象的时候，给 X-Delete-After 头部赋予了 3600 秒，相当于一小时的值。那么在创建一小时之后，该对象就会失效，系统就会自动把该对象从系统中删除。用户不需要做任何操作。

例题 6.16 设置对象在给定时间失效

设置已经存在的对象 cyberdyne.pdf 在 2014 年 1 月 1 日 0:00AM GMT 时失效。

```
POST/v1/AUTH_account/contracts/cyberdyne.pdf HTTP/1.1
X-Auth-Token: AUTH_tk60237970bbce544v7dbbc78a88ce9a
X-Delete-At: 1388534400
```

一旦到达 2014 年 1 月 1 日 0:00 AM GMT，对象 cyberdyne.pdf 就自动失效，Swift 就会收回该对象的存储空间，该对象就不能再使用了。

大家可以使用 http://www.epochconverter.com/来进行时间转换。

6.5 客户元数据

到现在为止，我们已经讲解了如何使用 Swift 的特有元数据来控制授权，上传大对象，维护版本以及控制对象失效。Swift 也允许用户在账号、容器和对象上保存一些自己的元数据。和 Swift 本身的特有元数据一样，客户元数据也是通过请求的头部来设置的。

客户元数据的格式为键-值（key-value）对。键对应请求头部的名字，值对应请求头部的值。元数据可以通过在创建容器或对象的 PUT 请求时设置，也可以在更改账号、容器和对象的 POST 请求时设置。

用户可以通过 swift CLI 客户程序的 PUT 命令的-meta 选项来设置客户元数据，也可以通过 HTTP API 的 X-Object-Meta-*数据项来设置。

例题 6.17 用 swift CLI 设置客户元数据

```
$ swift post -meta Season:Winter images yoemite.jpg
```

上面这个命令设置 Season 元数据的键值为 Winter，用来说明该对象保留的照片是在冬季拍摄的。由此可以看出，用户可以通过客户元数据来保存一些与该对象有关的信息，以便以后查找或者回忆使用。除了季节以外，用户还可以定义一个元数据来说明该照片拍摄的地点，以及是在什么活动中拍摄的。Swift 并不关心你使用什么样的元数据键，以及你定义多少个元数据。元数据键的名字是用户根据自己的需要来定义的。

例题 6.18 用 HTTP API 设置客户元数据（该例设置了与例题 6.17 中同样的元数据）

```
POST /v1/AUTH_account/images/yosemite.jpg HTTP/1.1
X-Auth-Token: AUTH_tk60237970bbce544v7dbbc78a88ce9a
X-Object-Meta-Season: Winter
```

上面的例题是给对象添加元数据，所以使用的是 X-Object-Meta-<key>命名格式。如果需要给账号或者容器添加元数据，那么你将需要分别使用相应的命名格式，X-Account-Meta-<key>或者 X-Container-Meta-<key>。

例题 6.19 查看客户元数据

用户可以通过 stat 命令来查看客户元数据。

```
$ swift stat images yosemite.jpg
Account: AUTH_account
Container: images
Object: yosemite.jpg
Content Type: image/jpg
Content Length: 56124
Meta Season: Winter
```

同样的，用户也可以使用 HTTP API 的 HEAD 请求来查看对象的元数据。HEAD 命令我们已经在前一章讲过了，这里就不再重复。

例题 6.20 删除客户元数据

删除客户元数据，只需要给相应的元数据的键传送一个空字符串值就可以了。

```
$swift post -meta Season:  images yousemite.jpg
```

上面这个命令把 Season 元数据键置为空，也就删除了这个键以及原来定义的值。

6.6 总结

在本章我们阐述了 Swift 的一些高级 API 特性，包括大数据对象、多版本对象、客户元数据、对象权限控制以及对象失效设置等。通过使用这些特性，用户可以很方便地满足实际应用中的一些需求。

习题

6.1　简述 Swift 支持大对象的实现方法。

6.2　请比较动态大对象和静态大对象的特点。

6.3　简述 Swift 支持多版本对象的实现方法。

6.4　Swift 设置对象自动失效的方法有哪些?

6.5　简述如何授权你的朋友访问你的容器的方法。

实训

6.1　假定有一个文件 car，12GB，请使用动态大对象方式把该文件存放到 Swift 存储系统，然后再下载到本地。

6.2　创建如下的多版本容器，并上传数据进行验证。

源容器：Cars_学号

备份容器：Cars_Versions

对象：car

验证流程：

1. 上传 car，并查看 car 对象内容。
2. 在本地修改 car 文件。
3. 再次上传 car，查看 car 对象内容。
4. 查看备份容器的对象列表和内容。
5. 删除 car，并查看源容器列表和内容。
6. 查看备份容器列表和内容。

PART 7 第 7 章 使用 Java 开发 Swift 应用

主要内容：

- jclouds 简介
- jclouds-Swift 安装
- Blobstore API

本章目标：

- 理解 jclouds 的特性
- 能对比理解 BlobStore 与 Swift
- 掌握 Eclipse+Maven 方式安装 jclouds 的方法
- 理解 BlobStore API
- 掌握对 BlobStore 的各种操作
- 掌握基本的容器操作命令
- 掌握基本的 Blob 操作命令
- 掌握使用 BlobStore API 完成基本存储任务的方法

在前面的章节里，我们首先介绍了如何通过 swift CLI 来使用 Swift 提供的服务。然后我们讲解了 Swift HTTP API 以及如何使用 cURL 工具通过 Swift HTTP API 来使用 Swift。为了开发基于 Swift 的应用，开发者可以使用高级语言的 HTTP 客户程序来构建符合 Swift HTTP API 的请求，以及编译 Swift 系统返回的 HTTP 响应，从而达到使用 Swift 提供的服务。但是这种方法比较繁琐，开发者需要直接和 HTTP 界面打交道。为了方便开发者使用 Swift，许多开源软件提供了使用 Swift 的开源的语言包。这些开源软件包为用户提供了相应语言的一个高级界面，把有关 HTTP 界面的一些细节隐藏掉，从而可以大大减轻开发者的工作量。

到目前为止，几乎所有的通用的程序设计语言都有了相应的开源程序库可以使用,比如 PHP、Python、Ruby、C#/.NET 和 Java 等。本书只对 Java 程序设计语言的程序库做介绍。

和 Swift 连接的 Java 库程序有多个，但是最受欢迎的是 jclouds。jclouds 是一个开源的 Java 类库，用来帮助用户进行云计算应用开发。我们将在本章介绍如何通过 jclouds 来使用 Swift 存储服务。

7.1 jclouds 简介

jclouds 是一个开源的 Java 类库，用来帮助用户进行云计算应用开发。jclouds 可以用 Java 程序来配置、控制，以及使用云平台资源，包括计算资源和对象存储资源。jclouds 提供的高级 API 既可以让云计算应用开发者使用可移植的云计算抽象层，也可以使用各个云平台的特有功能。

jclouds 可以支持包括 Amazon、Azure、GoGrid、vCloud 以及 OpenStack（包括 Swift）等云计算平台。

7.1.1 jclouds 的特性

直接使用云平台环境提供的 API 来开发云应用对于开发者来讲是比较繁琐的。jclouds 的目的是提供一个高级程序设计语言的 API，使开发者只需要关注如何使用云平台的服务，而不需要花费精力去适应各种不同云平台 API 的细节。

- 简单的接口：使用大家已经熟悉的程序设计模式，开发者不需要和 REST API 以及 WebServices 打交道。
- 运行环境的可迁移性：提供了可以在受限环境（比如 Google App Engine）下的插件程序。jclouds 对环境的依赖性很少，所以与应用发生冲突的可能性很小。
- 可适用于网络应用：具有处理网络应用特有的瞬时失败及重定向等问题的能力。
- 单元可测试性：提供了 Stub 连接来模拟一个云环境而无需创建网络连接的方法。测试人员可以编写单元测试进行云的端口测试，而无需模拟远程连接的复杂性和脆弱性。
- 性能：通过修改设置来满足各类用户的性能需求。jclouds 提供了异步命令以及可以调节的 http、数据、加密、解密模块供开发者使用。
- 地点可知性：所有的接口都可以获得所使用的云平台所在地的 ISO-3166 码，从而知道其所在的国家或地区。

7.1.2 BlobStore 简介

jclouds 的 BlobStore API 是一个通用的管理键-值（key-value）存储服务的工具，比如微软 Azure 平台的 Blob 服务、亚马逊的 S3 服务以及我们正在学习的 OpenStack 的 Swift 服务。BlobStore 的 API 比云平台提供的 REST API 或者 WebServices 要简单。基于 BlobStore API 开发的应用具有可移植性，可以运行在多种云存储服务上，比如 S3、Swift 等，同时也给开发者提供了可以使用具体云平台特有功能的接口。

7.1.3 BlobStore 的核心概念

BlobStore 是一个键-值（key-value）存储仓库。BlobStore 的 3 个核心概念是：账号、容器和 Blob（binary large object）。一个用户可以申请账号并在其中创建容器。容器是用户数据的命名空间。一个用户可以有多个容器。在容器里，用户可以把数据存储成 blob。这些概念和 Swift 基本上是一致的。这里的 blob 对应的是 Swift 里的对象（object）。

1．容器

在 BlobStore 里，容器是用户数据的一个命名空间。根据使用的是哪一种存储服务，容器的命名范围可能是全局的、账号内的，或者子账号内的。比如说，在亚马逊的 S3 存储服务中，容器的命名必须是全局唯一的。而在 OpenStack 的 Swift 存储服务中，容器的命名只需要在同一账号内唯一即可。

BlobStore 允许用户获取容器列表以及容器的内容。容器的内容可以是 blobs、容器或者虚路径。

在 BlobStore 里，所有的信息都存放在容器中。访问容器很像访问一个网站。比如说，你有一个名字为 adrian 的容器，并且是使用的亚马逊的 S3 存储服务，那么这个容器的存储路径就是 http://adrian.s3.amazonaws.com。

如果你用键“mymug.jpg”存放你的一张照片，那么该照片的存储路径就是 http://adrian.s3.amazonaws.com/mymug.jpg。

从这里可以看出，BlobStore 容器的概念和 Swift 容器的概念基本上是一致的。

2．Blob

Blob 就是存放在容器里的没有结构的数据。有的存储服务称 blob 为对象，有的称其为文件。Blob 是用一个正文来标识的。Blob 的长度最小可以为 0，最大长度有的存储服务限制不能超过 5GB，有的存储服务不做任何限制。另外，用户还可以存放一些关于 blob 的元数据。元数据的格式也是采用键-值对的格式。

Blob 在 Swift 里称为对象，其长度不能超过 5GB。

3．对象夹

对象夹就是一个子容器，可以包含其他的对象夹或者 blob。放在对象夹里的 blob 的名字就是最基本的名字。和一般文件系统一样，blob 的名字和对象夹名字通过“/”连接。

4．虚路径（Virtual Path）

虚路径就是一个标记文件，或者前缀。其目的就是把 BlobStore 的扁平结构显示成层次结构。当用户想获取一个虚路径内容的列表时，返回的 blob 的名字是绝对路径。

虚路径在 Swift 中是通过前缀来实现的。这个我们已经在第 5 章伪层次目录一节做了详细介绍。

5．访问控制

在默认设置下，用户存放在容器中的数据都是私有的。如果用户希望给其他用户访问权限，那么用户需要进行特别设置。

到目前为止，设置访问权限的方法各个云存储服务是不一样的。Swift 的设置方法我们在 6.2 节已经做了介绍。

7.2 jclouds-Swift 的安装

7.2.1 jclouds 简介

jclouds 是 apache 上的一个开放的源代码库，可以利用 Java 和 Clojure 两种编程方式来开发。jclouds 项目的目的在于提供一个轻便抽象的接口，以便能通过该接口使用云计算的功能和服务。jclouds 支持包括 OpenStack、Amazon、Rackspace 在内的众多云计算提供商。目前来看，该项目对 Blob 和 ComputService 的支持最为稳定。

7.2.2 jclouds 安装

1. 安装环境

硬件要求：

本教程采用实验环境进行讲解，实验安装环境无特别硬件要求。若是商用生产环境，则需采用专业的商用服务器。

软件要求：

ubuntu12.04+Eclipse+jdk1.6。

注：jdk1.6 及以上版本均可（可通过命令行输入：Java -version 查看 jdk 版本信息）。

2. Maven 方式安装 jclouds

安装步骤如下。

（1）建立 maven 项目

a. 在 Eclipse 中单击 File ->New - > Other ->MavenProject ->next 选择工作区。

b. 根据需要完成初始化创建，需要写入的参数如：Group Id、Artifact Id。完成后的项目结构如图 7.1 所示。注：本例中设置的 ArtfackId 为 jclouds-swift，GroupId 为 jclouds.swift 你可自定义设置为其它。

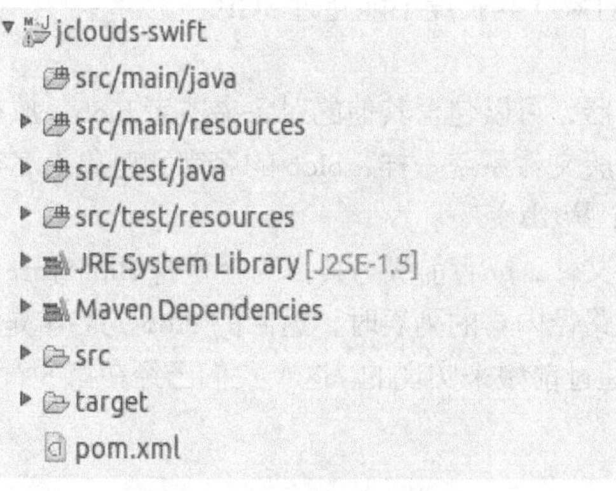

图 7.1 maven 项目结构

c. 添加依赖：修改 pom.xml 文件，根据你所想要的 Jclouds 版本添加项目依赖，见下文中斜体部分。这里选取了 1.7.0 版本的。

```
<projectxmlns="http://maven.apache.org/POM/4.0.0"
xmlns:xsi="http://www.w3.org/2001/XMLSchema-instance"
xsi:schemaLocation="http://maven.apache.org/POM/4.0.0
http://maven.apache.org/xsd/maven-4.0.0.xsd">
    <modelVersion>4.0.0</modelVersion>
    <groupId>jclouds.swift</groupId>
    <artifactId>jclouds-swift</artifactId>
    <version>0.0.1-SNAPSHOT</version>
    <dependencies>
        <dependency>
```

```
                <groupId>junit</groupId>
                <artifactId>junit</artifactId>
                <version>3.8.1</version>
                <scope>test</scope>
            </dependency>
            <dependency>
                <groupId>org.apache.jclouds.api</groupId>
              <artifactId>swift</artifactId>
                <version>1.7.0</version>
           </dependency>
    </dependencies>
</project>
```

d. 保存 pom.xml 文件。

右键单击新建的 maven 项目，Maven →Update Project， Eclipse 会根据 pom.xml 文件从 maven 库中心下载依赖包。

e. 完成后刷新工作目录，打开项目的 Maven Dependencies，会列出众多依赖关系的 jar 包。如图 7.2 所示，可以看到依赖的 jar 包的目录。

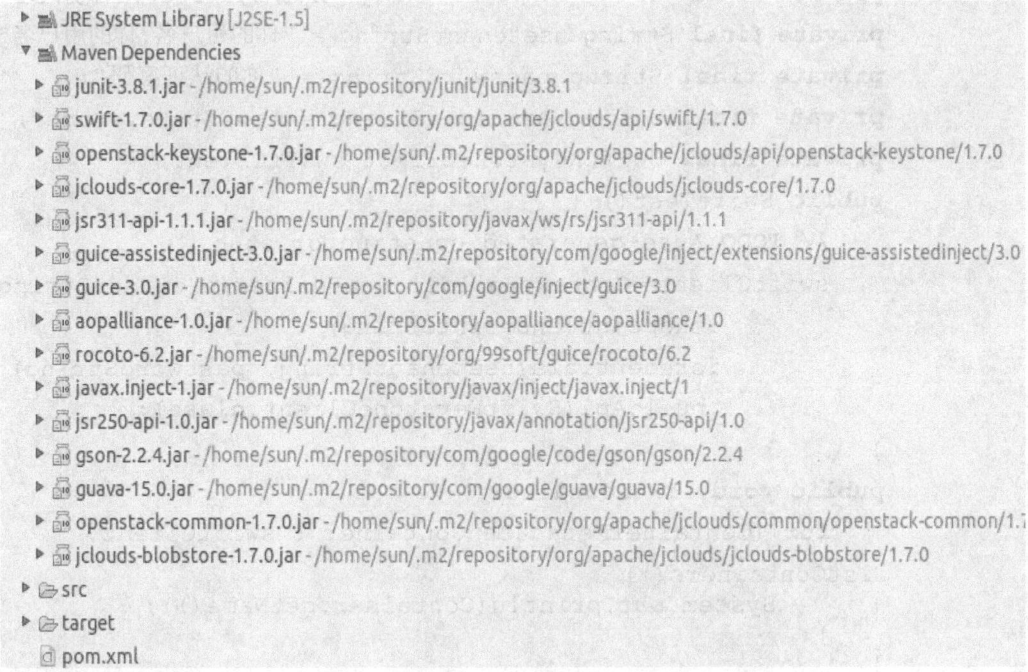

```
▸ JRE System Library [J2SE-1.5]
▾ Maven Dependencies
  ▸ junit-3.8.1.jar - /home/sun/.m2/repository/junit/junit/3.8.1
  ▸ swift-1.7.0.jar - /home/sun/.m2/repository/org/apache/jclouds/api/swift/1.7.0
  ▸ openstack-keystone-1.7.0.jar - /home/sun/.m2/repository/org/apache/jclouds/api/openstack-keystone/1.7.0
  ▸ jclouds-core-1.7.0.jar - /home/sun/.m2/repository/org/apache/jclouds/jclouds-core/1.7.0
  ▸ jsr311-api-1.1.1.jar - /home/sun/.m2/repository/javax/ws/rs/jsr311-api/1.1.1
  ▸ guice-assistedinject-3.0.jar - /home/sun/.m2/repository/com/google/inject/extensions/guice-assistedinject/3.0
  ▸ guice-3.0.jar - /home/sun/.m2/repository/com/google/inject/guice/3.0
  ▸ aopalliance-1.0.jar - /home/sun/.m2/repository/aopalliance/aopalliance/1.0
  ▸ rocoto-6.2.jar - /home/sun/.m2/repository/org/99soft/guice/rocoto/6.2
  ▸ javax.inject-1.jar - /home/sun/.m2/repository/javax/inject/javax.inject/1
  ▸ jsr250-api-1.0.jar - /home/sun/.m2/repository/javax/annotation/jsr250-api/1.0
  ▸ gson-2.2.4.jar - /home/sun/.m2/repository/com/google/code/gson/gson/2.2.4
  ▸ guava-15.0.jar - /home/sun/.m2/repository/com/google/guava/guava/15.0
  ▸ openstack-common-1.7.0.jar - /home/sun/.m2/repository/org/apache/jclouds/common/openstack-common/1.7
  ▸ jclouds-blobstore-1.7.0.jar - /home/sun/.m2/repository/org/apache/jclouds/jclouds-blobstore/1.7.0
▸ src
▸ target
  pom.xml
```

图 7.2　依赖包目录图

（2）maven 项目开发使用

maven 项目创建完后，eclipse 会自动生成初始目录，如图 7.3 所示。

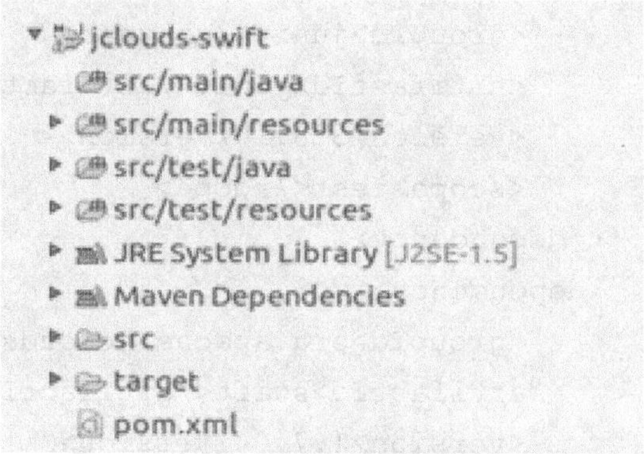

jcloud-swift
src/main/java
src/main/resources
src/test/java
src/test/resources
JRE System Library [J2SE-1.5]
Maven Dependencies
src
target
pom.xml

图 7.3 maven 项目初始目录

其中 src/main/java 下面是主项目代码，src/test/java 下面是测试代码。在主代码区的主项目包创建类文件，如 SwiftTest.Java，代码如下。

```
package org.swfit.com;
import org.jclouds.ContextBuilder;
import org.jclouds.openstack.swift.SwiftKeystoneClient;
importorg.jclouds.openstack.swift.domain.ContainerMetadata;
public class SwiftTest {
private final String endpointString="你的Keystone认证服务地址";
private final String usetenantString = "你的租户名:你的用户名";
private final String passwordString = "你的认证密码";
private final String providerString = "swift-keystone";
private final SwiftKeystoneClient swiftClient;
public SwiftTest() {
    // TODO Auto-generated constructor stub
    swiftClient= ContextBuilder.newBuilder(providerString)
            .endpoint(endpointString)
            .credentials(usetenantString, passwordString)
            .buildApi(SwiftKeystoneClient.class);
}
public void listContainer() {
    for (ContainerMetadata Container : swiftClient.
listContainers())
{       System.out.println(Container.getName());
    }
}
public static void main(String[] args) {
    SwiftTest test = new SwiftTest();
    test.listContainer();
}
}
```

7.3 BlobStore API

在这一节我们介绍 BlobStore API。该 API 是所有存储服务都支持的，所以，仅仅使用 BlobStore API 的应用具有可移植性，既可以运行在亚马逊的 S3 云存储服务上，也可以运行在 OpenStack 的 Swift 云存储服务上，或者其他 jclouds 支持的云存储服务上。

7.3.1 连接

在使用云存储服务的时候，应用程序首先需要与云存储服务建立连接，然后通过该连接使用云存储提供的各种服务。在 jclouds 里，与云存储服务的连接称为 BlobStoreContext。一个连接可以为多个请求服务，并且是多线程安全的。一个 BlobStoreContext 把服务的 id 和一组网络连接进行绑定。在建立连接的时候，用户至少需要提交自己的账号以及验证信息。

例题 7.1 建立和 BlobStore 的连接

```
BlobStoreContextcontext=ContextBuilder.newBuilder("swift-key
stone")
        .credentials(identity, credential)
        .endpoint(endpointString)
            .buildView(BlobStoreContext.class);
```

上面的语句建立了一个与 BlobStore 的连接。如果存储服务是远程的，该连接将自动使用 SSL 安全协议（除非存储服务不支持 SSL）。通过该连接访问存储服务中的任何数据都会使用同一验证信息。

在建立连接的时候，有很多选项可供用户选择。我们就不在这里赘述了。在后面描述使用 Swift 存储服务的时候，我们将会做进一步介绍。

在完成所需要的请求后，用户需要断开连接从而释放系统资源。

例题 7.2 断开和 BlobStore 的连接

```
context.close();
```

上面的语句断开了在例题 7.1 中建立的与 BlobStore 的连接。

7.3.2 获取 BlobStore 接口

在和存储系统建立连接之后，就可以通过该连接获取 BlobStore 接口，然后再调用该接口上定义的各种操作来使用存储系统提供的各种服务。

例题 7.3 获取 BlobStore 接口

```
BlobStore  blobStore = context.getBlobStore( );
```

7.3.3 容器操作命令

在本节我们介绍 BlobStore 接口上提供的与容器有关的主要操作。

- PageSet<? extends StorageMetadata> list( );

  获取用户账号根层的所有资源列表。这些资源的类型可能是容器（CONTAINER）、对象夹（FOLDER）或者 blob（BLOB）。

- boolean containerExists(String container);

检查给定容器是不是已经存在。如果存在就返回 true，否则返回 false。

- boolean createContainerInLocation(Location location, String container);

在指定的地点（location）创建给定名字的容器（container）。地点使用 ISO-3166 码来说明，比如 US-EAST。如果给定的地点值为 null，那么将使用存储服务的默认值。

- booleancreateContainerInLocation(Location location, String container, CreateContainerOptions options);

和前一个方法相同，但可以通过 options 来说明该容器是不是可以让其他用户访问。

- PageSet<? extends StorageMetadata> list(String container);

获取给定容器的内容列表。该方法只返回容器内第一层的内容。如果内容数量太多，该操作将只返回整个内容的一部分。通过检查 PageSet 的 NextMarker 的值可以知道是不是全部返回。如果 NextMaker 有值，那么说明返回的只是部分列表，你需要使用下面一种方法来获取后面的列表。这些资源的类型可能是容器（CONTAINER）、对象夹（FOLDER）或者 blob（BLOB）。

- PageSet<? extends StorageMetadata> list(String container, ListContainerOptions options);

和前一个命令一样，这个命令也是获取给定容器的内容列表，但是更灵活，功能也更全。其中的 options 参数可以指定返回列表的最大长度 maxKeys，列表的启始项 marker，是不是返回多层内容 recursive、是不是返回详细信息 detailed，是不是在虚路径下 inDir。这些资源的类型可能是容器（CONTAINER）、对象夹（FOLDER），或者 blob（BLOB）。

- void clearContainer(String container);

清除该容器里根目录下以及低层次的全部内容，但是不删除容器本身。

- void clearContainer(String container, ListContainerOptions options);

类似于上面的命令，但是可以通过参数 option 指定执行此操作应该满足的条件，比如设置要删除哪一层的内容以及是不是要删除该层下更低层的内容。

- void deleteContainer(String container);

删除给定目录内的所有层的内容，同时也删除掉容器本身。

7.3.4 blob 操作命令

对于 blob 主要有下面几个操作。

- boolean blobExists(String container, String name);

判断给定容器里（container）有没有给定的 blob（name）。

- String putBlob(String container, Blob blob);

把给定的 blob 上传到给定的容器，并返回 blob 在存储服务中的 ETag。如果所使用的存储服务不支持 ETag 的话，将返回 null。如果给定的容器不存在，那么将会抛出 ContainerNotFoundException 异常。

- String putBlob(String container, Blob blob, PutOptions options);

和前一个方法相同，但是可以通过 options 指出是不是要分块上传。

- BlobMetadata blobMetadata(String container, String name);

获取给定容器中给定 blob 的元数据。如果给定的 blob 不存在，则返回 null。如果给定的容器不存在，那么将会抛出 ContainerNotFoundException 异常。

- Blob getBlob(String container, String name);

获取给定容器中给定的 blob。如果给定的 blob 不存在，则返回 null。如果给定的容器不存在，那么将会抛出 ContainerNotFoundException 异常。

- Blob getBlob(String container, String name, GetOptions options);

下载给定容器中给定的 blob。用户可以通过 options 来设置下面这些条件。Range，下载 blob 的哪部分，比如从第 1000 字节到第 10000 字节；IfModifiedSince，只有当 blob 在给定日期以后修改过的时候才下载； IfUnmodifiedSince，只有当 blob 在给定日期以后都没有修改过的时候才下载；IfMatch，只有当 blob 的 Etag 和给定的 ETag 匹配的时候才下载。

- void removeBlob(String container, String name);

删除给定容器中的给定 blob。如果给定的容器不存在，那么将会抛出 ContainerNotFoundException 异常。

- long countBlobs(String container);

返回给定容器中全部 blob 的个数。

- long countBlobs(String container, ListContainerOptions options);

返回给定容器中满足 options 中给定条件的 blob 的个数。

7.3.5 使用 BlobStore API

在上一节我们了介绍 BlobStore 接口，在本节我们通过一些实例介绍如何使用该接口来完成一些存储任务。

1．上传数据

我们首先描述如何上传一个本地文件到云存储上。

例题 7.4 使用 BlobStore 接口上传数据

```
package org.swfit.com;
import java.io.File;
import org.jclouds.ContextBuilder;
import org.jclouds.blobstore.BlobStore;
import org.jclouds.blobstore.BlobStoreContext;
import org.jclouds.blobstore.domain.Blob;
public class ObjectStoreTest {
 privateStringendpointString="http://172.18.200.103:500
 0/v2.0/" ;
  private String identityString = "admin:admin"; //"usename:
 tenantname"
  private String passwordString  = "password";
  private String providerString = "swift-keystone";
  private final BlobStoreContext context;
```

```
    private final BlobStore  blobStore;
    public ObjectStoreTest() {
        context = ContextBuilder.newBuilder(providerString)
                .credentials(identityString, passwordString)
                .endpoint(endpointString)
                .build(BlobStoreContext.class); //建立连接
        blobStore  =  context.getBlobStore();// 获 得 后 端 的
BlobStore接口
    }
    public  void  putBlob(String  containerString,  String
filepath) {
        if(!blobStore.containerExists(containerString)){
        blobStore.createContainerInLocation(null, containerString);
         //若容器不存在则创建
        }

        File tempFile =new File( filepath.trim());
        String fileName = tempFile.getName();        // 指 定
上传的文件名
       Blob myblob = blobStore.blobBuilder(fileName).build();
//建立blob，装载数据信息
        if ( blobStore.blobExists(containerString, fileName));
        {
                blobStore.removeBlob(containerString,
fileName); //若该文件已存在，则移除
        };
        blobStore.putBlob(containerString, myblob);     //上传
        context.close( );
    }
    public static void main(String[] args) {
        // TODO Auto-generated method stub
        String container = "TestContainer";
        String filepath = "/home/sun/master.zip";
        ObjectStoreTest test = new ObjectStoreTest();
        test.putBlob(container, filepath);
    }
}
```

在这段程序中，我们首先建立了与存储服务的连接，从连接中获取 BlobStore 接口。

然后进行判断，如果要使用的容器不存在的话，就先创建该容器。创建容器的时候，需要给定容器的名字，也可以给定希望容器所在的地点，就是哪个国家或地区。因为我们不在意，所以提交 null，系统就会把容器创建在默认的地点。

再后，我们创建 blob。创建 blob 分两步完成，先给定 blob 的名字建立 blob 对象，然后给出 blob 数据所在的本地文件赋予其数据。

在上传 blob 之前，我们首先判断该 blob 是否已经存在。如果存在，我们就先删除。上传 blob 比较简单，给定容器的名字和 blob 对象就可以了。

2. 获取容器列表

我们在本节描述如何获取容器列表。

例题 7.5 使用 BlobStore 接口获取容器列表

```
package org.swfit.com;

import org.jclouds.ContextBuilder;
import org.jclouds.blobstore.BlobStore;
import org.jclouds.blobstore.BlobStoreContext;
import org.jclouds.blobstore.domain.StorageMetadata;
import org.jclouds.blobstore.domain.StorageType;

public class ContainerListTest {
private String endpointString="http://172.18.200.103:5000/v2.0/";
private String identityString = "admin:admin"; // "usename:
tenantname"
private String passwordString = "pass";
private String providerString = "swift-keystone";
private final BlobStoreContext context;
private final BlobStore blobStore;

public ContainerListTest() {
    context = ContextBuilder.newBuilder(providerString)
            .credentials(identityString, passwordString)
             .endpoint(endpointString).build
             (BlobStoreContext.class); // 建立连接
    blobStore = context.getBlobStore();//获得后端的BlobStore接口
}
public void list() {
    for (StorageMetadata resourceMd : blobStore.list()) {
        if (resourceMd.getType() == StorageType.CONTAINER
                || resourceMd.getType() == StorageType.FOLDER) {
```

```
                String name = resourceMd.getName();
                                    // 获取并打印容器的存储国家或地区ID
                System.out.println(name + " located in "+ resourceMd.
getLocation().getId());                      // 获取并打印容器的URI
                System.out.println(name + " uri: " + resourceMd.
getUri());
                                          // 获取并打印容器内blob数量
                System.out.printf("%s: %s entries%n", name, blobStore.
countBlobs(name));
            }
        }
    }
    public static void main(String[] args) {
        ContainerListTest test = new ContainerListTest();
        test.list();
    }

}
```

结果形如：

```
jcloudscontainer located in RegionOne
jcloudscontainer uri:
http://172.18.200.103:5000/userName:tenantName/myContainer
jcloudscontainer: 1 entries
```

与例题 7.4 一样，在这段程序中，我们首先建立了与存储服务的连接，并从连接中获取 BlobStore 接口。

然后，我们使用 blobStore.list()方法获取该用户的全部容器列表。再在循环语句内对每一个容器进行处理。需要注意的是用 list()方法获取的列表中包含 3 种类型：CONTAINER、FOLDER 和 BLOB，所以我们需要检查返回的列表项的类型，从中选取类型是容器（CONTAINER）和对象夹（FOLDER）的项进行处理。

对每一个容器的处理包括用 getName()获取容器的名字，用 getLocation().getId()获取容器所在国家或地区的名字，以及用 countBlobs(name)获取容器内 blob 的个数。

3. 获取 blob 列表

本节我们介绍如何获取容器中的 blob 列表。

例题 7.6 使用 BlobStore 接口获取 blob 列表

```
package org.swfit.com;
import org.jclouds.ContextBuilder;
import org.jclouds.blobstore.BlobStore;
```

```
import org.jclouds.blobstore.BlobStoreContext;
import org.jclouds.blobstore.domain.StorageMetadata;
import org.jclouds.blobstore.domain.StorageType;
public class BlobListTest {
  privateStringendpointString="http://172.18.200.103:5000/v
2.0/" ;
  private String identityString = "admin:admin"; // "usename:
tenantname"
  private String passwordString  = "pass";
  private String providerString = "swift-keystone";
  private final BlobStoreContext context;
  private final BlobStore blobStore;

  public BlobListTest() {
      context = ContextBuilder.newBuilder(providerString)
              .credentials(identityString, passwordString)
              .endpoint(endpointString)
              .build(BlobStoreContext.class);
//建立连接
      blobStore = context.getBlobStore();          //获得后端的
BlobStore接口
  }

  public void list(String container) {
      for (StorageMetadata resourceMd : blobStore.list
( container)) {
          if (resourceMd.getType()==StorageType.BLOB ) {
              System.out.println(resourceMd.getName( ) + ":" +
resourceMd.getCreationDate());                    //打印文件名和
创建日期
          }
      }
  }

  public static void main(String[] args) {
      BlobListTest test = new BlobListTest();
      test.list("jcloudscontainer");
  }
}
```

与例题 7.4 一样，在这段程序中，我们首先建立了与存储服务的连接，并从连接中获取 BlobStore 接口。

然后，我们使用 blobStore.list()方法获取给定容器 myContainer 的内容列表。再在循环语句内对每一个 blob 进行处理。需要注意的是用 list()方法获取的列表中包含 3 种类型：CONTAINER、FOLDER 和 BLOB，所以我们需要检查返回的列表项的类型，从中选取类型是 BLOB 的项进行处理。

对返回列表的每一项的处理包括用 getName()获取 blob 的名字，用 getCreationDate()获取 blob 创建的日期。

4．获取大型 blob 列表

上一节描述的获取某个容器的内容列表的方法只适合于列表条数不是非常多的情况下。每一个存储服务系统都有一个返回列表的最大值，也就是 list(<container>)方法最多只返回那么多条数。如果给定容器所包含的内容条数超过了最大值，那么就需要通过后续操作获取后面的内容。亚马逊 S3、微软 Azure 以及 Swift 的列表最大默认值分别是 1000、5000 和 5000。

list(<container>)返回的结果类型是 PageSet。PageSet 类型是 Java Set 的一个子类，其他方面都一样，但是增加了下面方法：String getNextMarker();。

如果调用该函数返回的值为 null，那么说明已经得到了给定容器的全部内容。如果返回的值不为空，那么就需要反复使用 list(<container>, <ContainerListOption>)方法获取后面的内容，并且把 ContainerListOption 参数的值设置为调用 getNextMarker()得到的值。

例题 7.7 使用 BlobStore 接口获取大型 blob 列表

```
package org.swfit.com;
import org.jclouds.ContextBuilder;
import org.jclouds.blobstore.BlobStore;
import org.jclouds.blobstore.BlobStoreContext;
import org.jclouds.blobstore.domain.PageSet;
import org.jclouds.blobstore.domain.StorageMetadata;
import org.jclouds.blobstore.domain.StorageType;
import org.jclouds.blobstore.options.ListContainerOptions;
public class BlobBigListTest {
  privateStringendpointString="http://172.18.200.103:5000/
  v2.0/" ;
    private String identityString = "userName:tenantName" ;
//"username:tenantname"
    private String passwordString  = "pass";
    private String providerString = "swift-keystone";
    private final BlobStoreContext context;
    private final BlobStore  blobStore;

 public BlobBigListTest() {
    context = ContextBuilder.newBuilder(providerString)
              .credentials(identityString, passwordString)
```

```
                .endpoint(endpointString)
                .build(BlobStoreContext.class);
        blobStore = context.getBlobStore();
    }

    public void list(String container) {
            //获取开始的1000条数据
        PageSet<? extends StorageMetadata> containers = blobStore.
    list(container);
        for (StorageMetadata resourceMd : containers ) {
            if (resourceMd.getType()==StorageType.BLOB ) {
                System.out.println(resourceMd.getName( ) + ":" +
resourceMd.getCreationDate());
            }
        }

        //获得下一个的1000条起始位置的标记
        String marker = containers.getNextMarker( );
        while (marker !=  null){
            containers = blobStore.list(container, ListContainerOptions.
    Builder.afterMarker(marker));

            marker = containers.getNextMarker( );
             //对列表中的每一项进行处理
              for (StorageMetadata resourceMD : containers) {
                  if (resourceMD.getType()==StorageType.BLOB) {
                          //获取并打印blob名字以及字节数
        System.out.println(resourceMD.getName(  )   +   ":"   +
resourceMD.
getType());
                  }
              }
            context.close( );
        }
 }
    public static void main(String[] args) {
        BlobBigListTest test = new BlobBigListTest();
        test.list("jcloudscontainer");
    }
}
```

例题 7.7 与例题 7.6 前一部分是相同的。我们在完成第一次获取列表操作之后，通过调用 getNextMarker()方法检查是不是所有的内容都已经返回。如果不是，就反复调用 list（<container>，<ContainerListOption>）方法获取后面的内容，并且把 ContainerListOption 参数的值设置为调用 getNextMarker()得到的值。

对所获列表每一项的处理和例题 7.6 是完全相同的。

5．上传 blob 用户元数据

对于每一个 blob，除了系统提供的元数据以外，用户还可以存储一些描述 blob 的元数据。比如，你上传了一个你们家庭在黑龙江滑雪的照片，为了方便查找或者以后的回忆，你可以上传下面这些与该照片相关的元数据：<地点，黑龙江>，<季节，冬天>，<类型，度假>，<成员，家庭>。

下面我们介绍上传 blob 用户元数据的方法。

例题 7.8 上传 blob 用户元数据

```
package org.swfit.com;
import java.io.File;
import java.util.HashMap;
import java.util.Map;
import org.jclouds.ContextBuilder;
import org.jclouds.blobstore.BlobStore;
import org.jclouds.blobstore.BlobStoreContext;
import org.jclouds.blobstore.domain.Blob;
public class BlobMetadataTest {
 private StringendpointString="http://172.18.200.103:5000/
v2.0/" ;
 private String identityString = "userName:tenantName" ;  //"userName:
tenantName"
 private String passwordString  = "pass";
 private String providerString = "swift-keystone";
 private final BlobStoreContext context;
 private final BlobStore  blobStore;

 public BlobMetadataTest() {
     context = ContextBuilder.newBuilder(providerString)
               .credentials(identityString, passwordString)
               .endpoint(endpointString)
               .build(BlobStoreContext.class);
     blobStore = context.getBlobStore();

 }
```

```
    public void putBlob(String containerString, String filepath,Map<String,
  String> userMetadata){
        File tempFile =new File( filepath.trim());
        String fileName = tempFile.getName();                        //指
定上传的文件名
    Blob myblob=blobStore.blobBuilder(fileName).userMetadata(user Metadata).
  build();
                                                             //创建blob对象
        blobStore.putBlob(containerString, myblob); //上传数据
        context.close( );
    }

    public static void main(String[] args) {
        BlobMetadataTest test = new BlobMetadataTest();
        Map<String, String> userMetadata = new HashMap<String,
String>(); //装配元数据信息
        userMetadata.put("key1", "value1");
        userMetadata.put("key2", "value2");
       test.putBlob("jcloudscontainer", "/home/sun/pydiction-1.2.zip",
userMetadata);
    }
  }
```

本例题和例题 7.4 上传 blob 的方法几乎完全一样。唯一不同的地方就是增加了创建用户元数据的代码，以及在创建 blob 的时候，增加了添加用户元数据信息的方法。用户元数据的格式就是（键，值）对。

6. 获取 blob 用户元数据

前一节我们介绍了创建并上传 blob 用户元数据的方法，本节我们介绍如何获取 blob 用户元数据。

例题 7.9 获取 blob 用户元数据

```
        package org.swfit.com;
        import java.util.Iterator;
        import java.util.Map;
        import java.util.Set;
        import org.jclouds.ContextBuilder;
        import org.jclouds.blobstore.BlobStore;
        import org.jclouds.blobstore.BlobStoreContext;
        import org.jclouds.blobstore.domain.BlobMetadata;
        public class BlobGetMetadateTest {
```

```
private String endpointString="http://172.18.200.103:5000/v2.0/";
private String identityString = "admin:admin"; //
"userName:tenantName"
 private String passwordString = "pass";
 private String providerString = "swift-keystone";
 private final BlobStoreContext context;
 private final BlobStore blobStore;

 public BlobGetMetadateTest() {
  context = ContextBuilder.newBuilder(providerString)
         .credentials(identityString,    passwordString)
.endpoint(endpointString).build(BlobStoreContext.class);
  blobStore = context.getBlobStore();
 }

public void getUserMetadata(String container, String objectName) {
BlobMetadata blobMetaData=blobStore.blobMetadata(container,
         objectName);
  System.out.println(blobMetaData);
  Map<String,String>userMetadata=blobMetaData.getUserMetadat
  a();
  Set<String> keys = userMetadata.keySet();
  Iterator<String> it = keys.iterator();
  while (it.hasNext()) {                    // 获取并打印每一项元
数据的键和值
     String key = it.next();

     System.out.printf("<%s,%s>%n",key,userMetadata.ge
     t(key));
  }
  context.close();
 }
public static void main(String[] args) {
  // TODO Auto-generated method stub
  BlobGetMetadateTest test = new BlobGetMetadateTest();
  test.getUserMetadata("jcloudscontainer", "pydiction-1.2.zip");
 }
}
```

与前面的例题一样，本例题在建立了与存储服务的连接，并从连接中获取 BlobStore 接口后，使用 blobStore.blobMetadata(<container>, <blob>)方法获取给定 blob 的所有的元数据，包含系统定义的元数据以及用户定义的元数据。然后再从全部元数据中，使用 getUserMetadata()获取用户元数据。最后通过循环，逐一获取并打印用户元数据的键和值。

再在循环语句内对每一个 blob 进行处理。需要注意的是用 list()方法获取的列表中包含 3 种类型：CONTAINER、FOLDER 和 BLOB，所以我们需要检查返回的列表项的类型，从中选取类型是 BLOB 的项进行处理。

7. 下载 blob

在本节我们描述如何下载给定的 blob。

例题 7.10 下载 blob

```
package org.swfit.com;
import java.io.File;
import java.io.FileOutputStream;
import java.io.IOException;
import org.jclouds.ContextBuilder;
import org.jclouds.blobstore.BlobStore;
import org.jclouds.blobstore.BlobStoreContext;
public class BlobDownloadTest {
  private String endpointString="http://172.18.200.103:5000/v2.0/";
  private String identityString = "userName:tenantName"; //
"userName:tenantName"
  private String passwordString = "pass"; // "password"
 private String providerString = "swift-keystone";
 private final BlobStoreContext context;
 private final BlobStore blobStore;

 public BlobDownloadTest() {
    context = ContextBuilder.newBuilder(providerString)
          .credentials(identityString, passwordString)

          .endpoint(endpointString).build(BlobStoreConte
        xt.class);
    blobStore = context.getBlobStore();
 }

 public void getBlob(String container, String objectName)
throws IOException {
    File outfile = new File(objectName);
    FileOutputStream outputStream = new FileOutputStream
 (outfile);
```

```
        blobStore.getBlob(container, objectName).getPayload()
            .writeTo(outputStream);
        outputStream.close();
        context.close();
    }

    public static void main(String[] args) throws IOException {
        BlobDownloadTest test = new BlobDownloadTest();
        test.getBlob("jcloudscontainer", "pydiction-1.2.zip");
    }
}
```

本例题通过使用 BlobStore 的 getBlob(<container>, <blob>)方法获取 blob，并通过 getPayload()获取 blob 的数据内容，最后通过输出流把 blob 的内容写入到本地文件。

7.4 使用 BlobStore API 的高级功能

在 7.3 节，我们介绍了如何使用 BlobStore 来完成一些用户使用存储服务的基本任务。在本节我们主要介绍如何使用 BlobStore 来完成一些高级任务。

7.4.1 上传大型数据

在 7.3.1 节我们介绍了如何使用 BlobStore 接口上传数据，但是那个方法只能用来上传一般大小的文件。每一个存储服务系统对 blob 的大小都有一个限定，也就是说用户上传的文件大小不能超过该限定。Swift 对 blob 大小的限定值是 5MB。但是在实际应用中，需要上传的数据大小会有超过 5MB 的情况。为了能够满足这些应用需求，我们在前面章节中介绍过 Swift 支持大型数据的方法。下面我们介绍如何使用 BlobStore 接口来上传大型数据。

例题 7.11 使用 BlobStore 接口上传大型数据

```
package org.swfit.com;
import java.io.File;
import java.io.IOException;

import org.jclouds.ContextBuilder;
import org.jclouds.blobstore.BlobStore;
import org.jclouds.blobstore.BlobStoreContext;
import org.jclouds.blobstore.domain.Blob;
import org.jclouds.blobstore.options.PutOptions;
public class UploadLargeBlobTest {
  private String endpointString = "http://172.18.200.
  103:5000/v2.0/";
```

```
    private String identityString = "admin:admin"; //
"userName:tenantName"
    private String passwordString = "pass";
    private String providerString = "swift-keystone";
    private final BlobStoreContext context;
    private final BlobStore blobStore;

    public UploadLargeBlobTest() {

        context = ContextBuilder.newBuilder(providerString)
            .credentials(identityString, passwordString)

            .endpoint(endpointString).build(BlobStoreConte
           xt.class);
        blobStore = context.getBlobStore();
    }
    public void uploadLargeObject(String containerString,
String filepath) {
        File tempFile = new File(filepath.trim());
        String fileName = tempFile.getName();
        Blob blob = blobStore.blobBuilder(fileName).build();
        longcountBefore=blobStore.countBlobs(containerString);
        blobStore.putBlob(containerString,blob,
  PutOptions.Builder.multipart());

        longcountAfter= blobStore.countBlobs(containerString);
    }
    public static void main(String[] args) throws IOException {
        UploadLargeBlobTest test = new UploadLargeBlobTest();
        test.uploadLargeObject("jcloudscontainer",
"pathToLargefile");
    }
  }
```

该例题和例题 7.4 一样都是上传一个文件到存储服务，但是这次上传的文件远远超过了 Swift 的 5GB 的上限。为了上传这个大型文件，我们在调用 putBlob 方法的时候，增加了第 3 个参数 PutOption PutOptions.Builder.multipart( )，也就是告诉系统把该文件分解成多个部分上传。注意，在前面文件引进部分我们增加了相应的文件包：import static org.jclouds.blobstore.options.PutOptions.Builder.multipart。

在实际运行这个例题的时候，所要上传的文件大小一定要大于 5GB。大家可以通过上传前后的 blob 个数发现，在完成上传后，blob 的个数不是增加了 1，而是增加了一个 manifest blob 和几个文件块 blob。

大型文件的下载对用户来讲是透明的。也就是说，如果用户下载的文件是大型数据，尽管在存储服务系统中是按多个 blob 存放的，但是存储服务系统会自动把多个 blob 拼接后传给用户。

7.4.2 大型列表

用户经常需要获取某个容器里包含的所有对象信息的列表。在前面已经介绍过，对象信息列表可以通过对给定的容器进行 GET 操作而获取。

大型列表是指当容器所包含的对象个数超过了 BlobStore 列表的上限时候的列表。Swift 的列表上限是 10000 个。如果一个容器所包含的对象个数超过了 10000，那么用户就需要使用后续 HTTP 请求来获取后面的对象列表。

为了支持大型列表，BlobStore 的 list ( ) API 返回的 PageSet 提供了一个获取下一个‘标识’(Marker) 的方法 getNextMarker ( )。该方法返回本次列表的最后一个对象的名字，或者 null，如果没有后续项。

然后用户可以把‘标记’对象名字作为获取对象列表中 afterMarker 参数的值。这样就可以获取后续对象列表。

7.4.3 目录标识

用户可以使用目录标识来在扁平结构的对象存储系统里设置逻辑目录。所有的对象存储系统都支持‘伪目录’(Psedudo-directory)，但是实现方式却不一致，有些是采用命名规则 (比如以‘/’结尾)，有些是通过内容类型。

jclouds 是通过内容类型来判定一个对象是不是仅仅用来起标识目录的作用。用户通过把对象的类型设置为 StorageType.RELATIVE_PATH 来指定该对象是用来标识目录的。那么在使用 list ( ) 操作的时候，jclouds 就会把该对象表示成一般的目录。

大型列表是指当容器所包含的对象个数超过了 BlobStore 列表的上限时候的列表。Swift 的列表上限是 10000 个。如果一个容器所包含的对象个数超过了 10000，那么用户就需要使用后续 HTTP 请求来获取后面的对象列表。

7.4.4 Content Disposition

开发者可以使用 Swift 来开发一个为用户存储大量的照片的网络应用。用户可以通过网页上传照片到云端的 Swift 系统，通过缩略图浏览已经上传的照片，以及下载原照片。当用户点击缩略图的时候，探出一个对话框。为了能够控制“Save As”对话框里的文件名，开发者可以使用 Content Disposition 来完成。

例题 7.12 Content Deposition 的使用方法

```
ByteSourcepayload=Files.asByteSource(newFile("sushi.jpg"));
Blob blob = context.getBlobStore().blobBuilder("sushi.jpg")
    .payload(payload)
    .contentDisposition("attachment; filename=sushi.jpg")
    .contentMD5(payload.hash(Hashing.md5()).asBytes())
```

```
            .contentLength(payload.size())
            .contentType(MediaType.JPEG.toString())
        .build();
```

例题 7.12 通过设置 contentDisposition ( ) 里的参数 filename 的值为 "sushi.jpg"，当用户点击该照片的缩略图的时候，探出的 "Save As" 对话框里的文件名就会是 "sushi.jpg"。

7.5 SwiftClient 接口

在前面几节我们介绍了 BlobStore 接口及其使用方法。BlobStore 接口是通用接口，也就是说所有支持 jclouds 的云存储服务都必须实现该接口。所以，只使用 BlobStore 接口开发的应用程序具有可移植性，即可以运行在 Amazon 的 S3 云存储服务上，也可以运行在 OpenStack 的 Swift 存储服务上，还可以运行在微软的 Azure 存储服务上。

但是只使用 BlobStore 接口，就不能充分利用各个存储服务提供的一些特有功能。为了解决这个问题，jclouds 为每个存储服务提供了自己的接口。通过使用这些存储服务的自有接口，应用程序可以使用该存储服务的所有功能，但是这些应用程序也就只能运行在相应的存储服务上。在本节我们介绍 jclouds 为 Swift 提供的存储服务接口 SwiftClient。

7.5.1 SwiftClient 接口简介

SwiftClient 除了调用 Swift REST 接口实现 BlobStore 接口所需要的共有功能外，还为应用开发者提供了使用 Swift 特有功能的 Java 接口。如果应用开发者需要使用 Swift 的全部功能就需要使用 swiftClient 接口。但是需要提醒的是使用了 SwiftClient 接口的应用只能运行在 Swift 存储服务系统之上。SwiftClient 现在主要提供了如下特有功能。

- Boolean copyObject(String srcContainer, String srcObject, String destContainer, String destObject)

  把源容器（srcContianer）里的对象（srcObject）复制到目标容器（destContainer）里，并命名为 destObject。

- AccountMetadata getAccountStatistics()

  获取当前账号的使用集群的统计信息，包含拥有多少个容器、多少个对象，使用了多少存储空间等。

- Boolean deleteContainerIfEmpty(String container)

  如果给定的容器为空，那么就删除，并返回 true，否则不删除，返回 false。

- String putObjectManifest(String container, String name)

  对象的清单文件（Manifest）是用于大对象（大于 5GB）的处理服务的。默认情况下 Swift 上传的最大单个对象的大小为 5GB。然而，对于下载对象的大小却是没有限制的，这种 "下载无限制" 的概念是通过将分段对象组织起来模拟实现的。大对象的每个分段被分别上传，然后再创建一个清单文件（manifest file）指明这个对象所包含的分段，下载时，清单所指示的所有分段会被组织成一个单独的对象进行下载。这种实现方式同时也提高了上传的速率，因为我们可以将一个对象的多个分段进行并行的上传。

一个对象的所有分段必须存储在同一个容器中，拥有共同的对象名称前缀，并按照它们应有的顺序排序命名。它们可以和清单文件不在同一个容器中，这可以将容器中的对象列表保持得比较干净。

清单文件只是一个大小为 0 字节，拥有 X-Object-Manifest: <container>/<prefix> 头的普通文件。其中<container>是对象分段所在的容器名称，<prefix>是这些分段的公共前缀。比如 X-Object-Manifest: mycontainer/myobject/就说明对象分段式存放在 mycontainer 容器中，这些分段的前缀是 myobject。分段的名字依次为 myobject/1、myobject/2、myobject/3 等。

- ContainerMetadata getContainerMetadata(String container)

获取给定容器的元数据。容器的元数据有两类，一类是系统定义的元数据，包含容器的名字、容器内的对象个数、容器占用的存储字节数和容器的访问权限值。这些元数据的值分别使用定义在 ContainerMetadata 类上的下列方法得到：getName()、 getCount()、 getButes()、getReadACL()。系统元数据的值是系统自动根据实际使用情况来设置的。

另一类元数据是用户定义的<键，值>对集合。使用 ContainerMetadata 的 getMetadata()可以获取该集合，然后可以通过集合操作获取每一项元数据。

- Boolean setContainerMetadata(String container, Map<String,String> containerMetadata)

为给定容器添加用户定义的元数据。

- Boolean deleteContainerMetadata(String container, Iterable<String> metadataKeys)

删除给定容器的用户元数据的给定项。需要删除的元数据项的键在参数 metadataKeys 里给出。

- Boolean setObjectInfo(String container, String name, Map<String,String> userMetadata)

为给定的对象添加用户定义的元数据。元数据的格式是<键，值>对集合。

- MutableObjectInfoWithMetadata getObjectInfo(String container, String name)

获取给定对象的基本信息以及用户定义的元数据。基本信息包含对象的名字（通过 getName()得到）、对象所在的容器的名字（getContainer()）、对象占用的存储字节数（getBytes()）、对象的 URI（getUri()）、对象的哈希值（getHash()）、对象的内容类型（getContentType()）、对象的最后修改时间（getLastModified()）、对象的资源配置文件（getObjectManifest()）。用户定义的元数据通过 getMetadata()方法获取。

7.5.2 SwiftClient 接口使用

在上一节我们介绍了 SwiftClient 主要的特有功能接口。在本节我们通过一个例题来演示如何使用 SwiftClient 接口。其中的一部分方法和 BlobStore 接口的相应方法是完全一致的，我们就不再做新的解释。对于那些 SwiftClient 特有功能的接口，大家参照 7.5.1 节的介绍进行理解。

例题 7.13 使用 SwiftClient 接口

```
package org.swfit.com;
import java.io.File;
import java.io.IOException;
import java.util.HashMap;
import java.util.Map;
import java.util.Set;
```

```
import org.jclouds.ContextBuilder;
import org.jclouds.blobstore.domain.PageSet;
import org.jclouds.io.Payloads;
import org.jclouds.openstack.swift.SwiftKeystoneClient;
import org.jclouds.openstack.swift.domain.AccountMetadata;
import org.jclouds.openstack.swift.domain.ContainerMetadata;
import org.jclouds.openstack.swift.domain.MutableObjectInfoWithMetadata;
import org.jclouds.openstack.swift.domain.ObjectInfo;
import org.jclouds.openstack.swift.domain.SwiftObject;
public class SwiftClientTest {
  private String endpointString="http://172.18.200.103:5000/v2.0/";
  private String usetenantString = "admin:admin";
  private String passwordString = "pass";
  private String providerString = "swift-keystone";
  private SwiftKeystoneClient swiftClient;
  public SwiftClientTest() {
      swiftClient = ContextBuilder.newBuilder(providerString)
            .endpoint(endpointString)
            .credentials(usetenantString, passwordString)
            .buildApi(SwiftKeystoneClient.class);
  }
  public SwiftObject newSwiftObject(String data, String key)
throws IOException{
      SwiftObject object = swiftClient.newSwiftObject();
      object.getInfo().setName(key);
      File datafile = new File(data);
      object.setPayload(datafile);
      Payloads.calculateMD5(object);
      object.getInfo().setContentType("text/plain");
      object.getInfo().getMetadata().put("Metadata",
"metadata-value");
      return object;
  }
  public Set<ContainerMetadata> listContainer() {
      return swiftClient.listContainers();
  }
  public boolean createContainer(String containername) {
      booleanresult=swiftClient.createContainer(containername);
      return result;
  }
```

```
    public boolean deleteContainer(String containername) {
        boolean result = swiftClient.deleteContainerIfEmpty
    (containername);
        return result;
    }
    public AccountMetadata getAccountStatistics() {
        return swiftClient.getAccountStatistics();
    }
    public ContainerMetadata getContainerMetadata(String container)
{
        return swiftClient.getContainerMetadata(container);
    }
    public boolean setContainerMetadata(String container, Map<String,
    String> containerMetadata) {
        return swiftClient.setContainerMetadata(container,
    containerMetadata);
    }
    public boolean deleteContainerMetadata(String container,
    Iterable<String> metadataKeys) {
        return swiftClient.deleteContainerMetadata(container,
    metadataKeys);
    }
    boolean containerExists(String container) {
        return swiftClient.containerExists(container);
    }
    public PageSet<ObjectInfo> listObjects(String container) {
        return swiftClient.listObjects(container);
    }
    public SwiftObject getObject(String container, String name) {
        return swiftClient.getObject(container, name);
    }
    public boolean setObjectInfo(String container, String name,
Map<String, String> userMetadata) {
        return swiftClient.setObjectInfo(container, name, userMetadata);
    }
    public MutableObjectInfoWithMetadata getObjectInfo(String
container, String name) {
        return swiftClient.getObjectInfo(container, name);
    }
    public String putObject(String container, SwiftObject object)
```

```
{
        return swiftClient.putObject(container, object);
    }
    public boolean copyObject(String sourceContainer, String
sourceObject,
                    StringdestinationContainer,StringdestinationO
                bject) {
        return swiftClient.copyObject(sourceContainer, sourceObject,
  destinationContainer, destinationObject);
    }
    public void removeObject(String container, String name) {
        swiftClient.removeObject(container, name);
    }
    public boolean objectExists(String container, String name) {
        return swiftClient.objectExists(container, name);
    }
    public String putObjectManifest(String container, String name)
{
        return swiftClient.putObjectManifest(container, name);
    }

    public static void main(String[] args) throws IOException {
        SwiftClientTest test = new SwiftClientTest();
        String testcontainerString = "testcontainer";
        String testobjectString = "testobject";
        System.out.println("createContainer-----------------------------");
        System.out.println(test.createContainer(testcontainerString));
        System.out.println("listContainer-------------------------------");
        System.out.println(test.listContainer());
        System.out.println("objectExists--------------------------------");
        System.out.println(test.objectExists(testcontainerString,
                testobjectString));
        System.out.println("deleteContainer-----------------------------");
        System.out.println(test.deleteContainer(testcontainerString));
    System.out.println("putObjectManifest-----------------------------");
        System.out.println(test.putObjectManifest("mycontainer",
"Manifest"));
    System.out.println("getAccountStatistics------------------------");
        System.out.println(test.getAccountStatistics());
    System.out.println("setContainerMetadata------------------------");
```

```
        Map<String, String> containerMetadata = new HashMap<String,
String>();
        containerMetadata.put("testkey1", "testvalue1");
        containerMetadata.put("testkey2", "testvalue2");
        containerMetadata.put("testkey3", "testvalue3");
        System.out.println(test.setContainerMetadata(testcontainerString,
containerMetadata));
        System.out.println("getContainerMetadata------------------------");
        System.out.println(test.getContainerMetadata(testcontainerString));
        System.out.println("containerExists-----------------------------");
        System.out.println(test.containerExists(testcontainerString));
        System.out.println("listObjects---------------------------------");
        System.out.println(test.listObjects("sun"));
        System.out.println("putObject-----------------------------------");
        System.out.println(test.putObject(testcontainerString,
           test.newSwiftObject("/home/sun/pydiction-1.2.zip",
        testobjectString)));
        System.out.println("getObject-----------------------------------");
        System.out.println(test.getObject(testcontainerString,
testobjectString));
        System.out.println("setObjectInfo-------------------------------");
       System.out.println(test.setObjectInfo(testcontainerString,
testobjectString, containerMetadata));
        System.out.println("getObjectInfo-------------------------------");
        System.out.println(test.getObjectInfo("sun",
"largeObject.zip"));
        System.out.println("copyObject----------------------------------");
        test.createContainer("testcontainerforcopyobject");
        System.out.println(test.copyObject(testcontainerString,
              testobjectString,    "testcontainerforcopyobject",
"objectcopyformtestcontainer"));
        System.out.println("removeObject--------------------------------");
        test.removeObject(testcontainerString, testobjectString);
        System.out.println("objectExists--------------------------------");
        System.out.println(test.objectExists(testcontainerString,
testobjectString));
     System.out.println("deleteContainer------------------------------");
     System.out.println(test.deleteContainer(testcontainerString));
        System.out.println("putObjectManifest---------------------------");
        System.out.println(test.putObjectManifest("mycontainer",
```

```
"Manifest"));
        };
    }
```

大家需要注意的是该例题在和存储服务建立连接的时候使用 SwiftKeystonClient.class，而前面使用 BlobStore 接口的例题，使用的是 BlobStoreContext.class。

SwiftKeystoneClient 是我们介绍的 SwiftClient 的一个子类，主要添加了使用 Keystone 的身份验证服务。

📖 习题

7.1 什么是 jclouds？它的主要特性有哪些？

7.2 什么是 BlobStore？它的 3 个核心概念是什么？关系如何？

7.3 简述 jclouds 建立与 BlobStore 连接的方法。

7.4 简述如何使用 BlobStore 接口上传数据？假设项目名、用户名均为 demo，口令:pwd，容器名：container1，对象名：object1，文件名：myfile。

实训

7.1 请使用 jclouds 在 Swift 集群创建下述容器和对象，并使用访问操作进行验证。

容器：Holidays_学号(元数据：year:2014)

容器内对象：Cambridge (元数据：time：0203）
Oxford(元数据：time：0204）
London(元数据：time：0205）

容器：Sports _学号(元数据：year：2014）

容器内对象：Tennis(元数据：team：yellow）
Badminton(元数据：team：blue）
Soccer(元数据：team：red）

容器：Cars _学号(元数据：year：2014）

容器内对象：BMW(元数据：plate：RK05 TXW）
Benz(元数据：plate：FL52 EEG）
Audi(元数据：plate：DG63 FFL）

PART 8

第 8 章 Swift 的实现原理

主要内容：

- 环的实现原理
- 环的数据结构
- 存储节点的实现
- 容器间同步的实现

本章目标：

- 理解 Swift 的几个核心概念：环、一致性哈希、虚节点、副本、分区、权重
- 掌握环的数据结构
- 掌握节点、环和虚节点的关系
- 理解新增节点和删除节点对环的空间分布的影响
- 了解 Swift 解决对象副本竞争问题的方法
- 掌握存储节点的层次结构
- 掌握访问账号、容器和对象目录及内容的方法
- 掌握设置两个容器间同步的方法

在第 4 章我们讲解了 Swift 的基本原理，使大家明白了 Swift 的总体设计思想、整体架构及其特点。在本章我们将介绍 Swift 整体架构的实现方法，还将阐述 Swift 的一些关键模块的实现原理，以便大家能够进一步了解 Swift 的内部机制以及其设计思想是如何实现的。

8.1 环（Ring）的实现原理

Swift 存储系统工作原理的核心是虚节点（Partition Space）和“环”（Ring）。虚节点把整个集群的存储空间划分成几百万个存储点，而“环”（Ring）把虚节点映射到磁盘上的物理存储点。在安装 Swift 的时候，环上的虚节点会均衡地划分到所有的设备中。当有新的设备加入后，新加入的设备上还没有任何虚节点，从而造成了虚节点分配的不均衡。这时候，环就会自动地移动一些虚节点到新添加的存储设备中，以便达到新的平衡。但是，过多地移动虚节点会带来大量的数据流动，从而引起整个存储系统的不稳定。因此，需要一个好的算法来确保通过移动最少数量的虚节点来重新达到均衡，并且对一个虚节点来讲，只会移动其中的一个副本。同样的，当把原有的存储设备从 Swift 集群中移出进行维修的时候，那么需要其他存储设备来接收原来存放在该存储设备上的虚节点，如何能够通过移动最少量的虚节点来保证虚节点在剩余存储设备上的均衡，也是一个需要解决的问题。我们在这一节将详细介绍 Swift 如何保证虚节点均衡性的算法。

8.1.1 普通 Hash 算法与场景分析

先来看一个简单的例子，假设我们手里有 N 台存储服务器（以下简称节点）。为了使节点的负载均衡，需要把对象均匀地映射到每个节点上。最常用的办法就是使用哈希算法，计算步骤如下。

- 计算对象的哈希值 Key。
- 计算 Key mod N 值，N 是存储节点的个数。

将对象的哈希值 Key 模 N 得到的余数就是该对象将要存放的节点号。比如，N 是 2，那么 key 值为 0、1、2、3、4 的对象将会分别存放在 0、1、0、1 和 0 号节点上。如果哈希算法是均匀的，数据就会被平均分配到两个节点中。如果每个对象的访问量比较平均，系统负载也会被平均分配到两个节点上。

但是，当系统的数据量和访问量进一步增加，两个节点无法满足需求的时候，就需要增加新的节点来服务客户端的请求。假设给系统增加了一个新节点，那么 N 就变成了 3，映射关系变成了 Key mod 3。因此，上述哈希值为 2、3、4 的对象需要重新分配：2（节点 1→节点 2），3（节点 1 →节点 0），4（节点 0 →节点 1）。如果对象的数量很大的话，那么迁移对象的工作量将会非常大。并且，如果系统中的节点数，也就是 N，已经很大，那么当增加一个新节点，也就是当 N 变成 N+1 的过程，几乎会导致整个哈希环的重新分配。这就意味着几乎需要把系统中的对象都重新移动一遍，这将会导致整个系统的瘫痪，显然是无法容忍的。

我们举例说明，假设有 100 个节点的集群，将 10^7 个对象使用 MD5 HASH 算法分配到每个节点中。如果假定哈希算法是完全均匀的，那么每个节点的数据项就是 10^5 项。

现在假设增加一个节点来提高系统的负载能力，这就需要重新分配对象以便使系统达到均衡。也就是说要把 10^7 个对象的 MD5 哈希值用新的节点数 101 取模得到每个对象的新的存储节点号。对于那些哈希值在新的取模和老的取模后还是一样的对象来讲，即 x mod（100）= x mod（101），那么这些对象就不需要移动，而是仍然保留在原来的节点上。如果对象的哈希值为 x，那么 x mod（100）! = x mod（101）的对象就不能保留在原来的节点上，而需要移动。

我们可以计算出，哈希值为 0～99、101000～10199、20200～20299……90900～90999 的对象不需要移动，共有 99100 个，约占整个对象数目的 1%。而需要移动的对象有 10^7～99100 项，约占整个对象数目的 99%。也就是说，为了给集群增加 1%的存储能力，我们需要移动 99%的对象。显然，这种算法严重地影响了系统的性能和可扩展性。

如何能够解决这个问题呢？这就是接下来将要介绍的一致性哈希算法的由来。

8.1.2 一致性哈希算法

一致性哈希算法是 1997 年由麻省理工学院提出的一种分布式哈希算法。其设计目标是为了解决因特网中的热点（Hot Spot）问题，使得分布式哈希可以在 P2P 环境中真正得到应用。一致性哈希算法提出了在动态变化的缓存环境中，判定哈希算法好坏的 4 个标准。

1．平衡性（Balance）

平衡性是指哈希的结果能够尽可能分布到所有的缓冲中去，这样可以使所有的缓冲空间都得到利用。很多哈希算法都能够满足这一条件。

2．单调性（Monotonicity）

单调性是指如果已经有一些内容通过哈希分派到了相应的缓冲中，如果又有新的缓冲加入系统中，那么哈希的结果应能够保证原有已分配的内容可以被映射到原有缓冲区或者新的缓冲中去，而不会被映射到旧的缓冲集合中的其他缓冲区。

3．分散性（Spread）

在分布式环境中，终端有可能看不到所有的缓冲，而是只能看到其中的一部分。当终端希望通过哈希过程将内容映射到缓冲上时，由于不同终端所见的缓冲范围有可能不同，从而导致哈希的结果不一致，最终的结果是相同的内容被不同的终端映射到不同的缓冲区中，明显降低了系统存储的效率，而这种情况显然是应该避免的。分散性的定义就是指上述情况发生的严重程度。好的哈希算法应能够尽量避免不一致的情况发生，也就是尽量降低分散性。

4．负载（Load）

负载问题实际上是从另一个角度看待分散性问题。既然不同的终端可能将相同的内容映射到不同的缓冲区中，那么对于一个特定的缓冲区而言，也可能被不同的用户映射为不同的内容。与分散性一样，这种情况也是应当避免的，因此好的哈希算法应能够尽量降低缓冲的负载。

Swift 使用该算法的主要目的是为了在集群的节点数量发生改变时（增加或删除存储服务器时），能够尽可能少地改变已存在键值和节点的映射关系以满足单调性。而 Swift 采用的基本思路是通过引入虚结点来减少数据的移动，具体步骤如下。

① 首先求出每个节点（机器名或者是 IP 地址）的哈希值，并将其分配到一个圆环区间上（这里取 $0\text{–}2^{32}$）。

② 求出需要存储对象的哈希值，也将其分配到这个圆环上。

根据这个步骤，当有一个对象写入的请求到来时，计算对象的哈希值 k，如果该值正好对应之前某个机器节点的哈希值，则直接写入该机器节点。如果没有对应的机器节点，则顺时针查找下一个节点进行写入。如果超过 2^{32} 还没找到对应的节点，则从 0 开始查找(因为是环状结构)。这就可以理解为何将从哈希值到位置映射的圆环使用术语“Ring”来表示了。哈希环空间上的分布如图 8.1 所示。

在环上的大圆代表一个节点在环上的位置，小圆代表一个对象映射到环中的位置。图 8.1 中的虚线指出了每个对象最后存储到哪个节点上。每个对象都是存储到从它在环上的位置开始顺时针查找到的第一个节点。

经过一致性哈希算法散列之后，当有新的节点加入时，将只影响一个节点的存储。例如，如图 8.2 所示，假定新加入的节点 5 的哈希值在节点 2 与节点 3 之间，则原先由节点 3 处理的一些对象可能将移至节点 5，而其他所有节点的处理情况都将保持不变，因此表现出很好的单调性。而如果删除一个节点，例如，删除节点 3，此时原来由节点 3 处理的数据将移至节点 4，而其他节点的处理情况仍然不变。

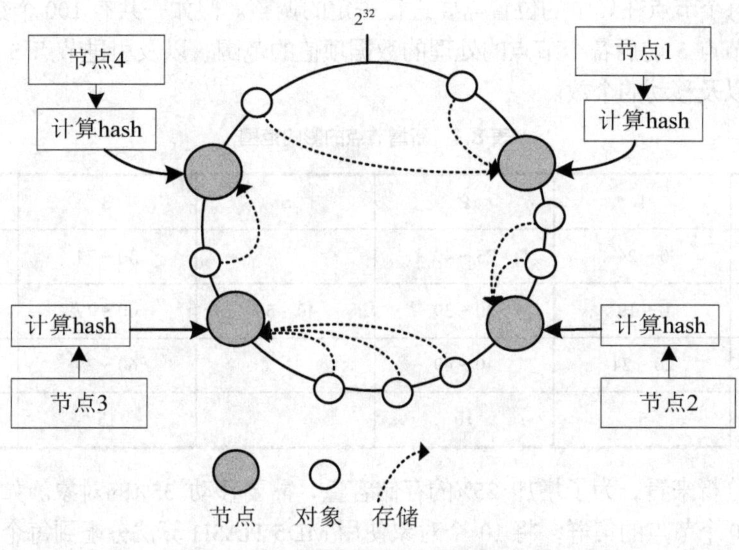

图 8.1 哈希环空间分布图

下面我们举个例子来进行说明。假如我们需要增加一个新的节点，并且在这个环形哈希空间中，节点 5 被映射在节点 2 和节点 3 之间，那么受影响的将仅是沿节点 5 逆时针遍历直到下一个节点（节点 2）之间的数据项（它们本来映射到节点 3 上）。如果哈希值是均匀分布的，也就是影响大约 12.5%的数据项。因为平均来讲，每个节点上存放 25%左右的数据项，当节点 5 插入进去后，均匀情况下，节点 5 会承担一半原来在节点 3 上的数据项，也就是整个数据项的 12.5%。也就是说，为了增加 25%的存储能力，移动 12.5%的数据项。

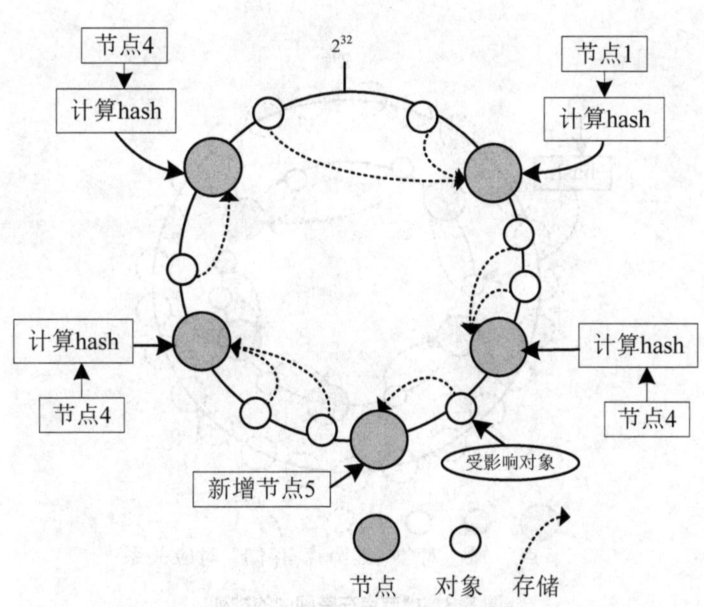

图 8.2 新增节点对哈希环空间分布影响

但是上面的计算没有考虑数据项在引进新节点后的均衡问题。如果原来的数据项均匀分布在 4 个节点上，那么引进节点 5 后，为了保证数据的均衡，每个节点应该需要承担 20%的数据。所以，每个节点在环中的位置需要进行一定的调整。假如一共有 100 个数据项，表 8.1 列出了在引进节点 5 前后各个节点的处理的数据项值的范围，以及引进节点 5 以后，需要移动的数据项，以及移动的个数。

表 8.1　新增节点的影响范围

节点号	1	2	5	3	4
原数据项值范围	0～24	25～49		50～74	75～99
新数据项值范围	0～19	20～39	40～59	60～79	80～99
需移动的数据项	20～24	40～49		60～74	75～79
需移动个数	5	10		15	5

从上面的分析来看，为了增加 25%的存储容量，需要移动 35%的对象。如果按前面的举例，假设有 100 个节点的集群，将 10^7 个对象使用 MD5 HASH 算法分配到每个节点中。如果假定哈希算法是完全均匀的，那么每个节点的对象数就是 10^5 项。当增加一个新的节点后，通过计算（这里略去）大约需要移动 50%的对象，结果虽然比之前的 99%好了些，但是提高 1%的存储能力与移动 50%的数据仍不理想。

8.1.3　虚节点（Partition）

考虑到哈希算法在节点较少的情况下，改变节点数会带来巨大的数据迁移。为了解决这种情况，一致性哈希引入了“虚节点”的概念。“虚节点”是实际节点在环形空间的复制品，一个实际节点对应了若干个“虚节点”，如图 8.3 所示。“虚节点”在哈希空间中以哈希值排列。

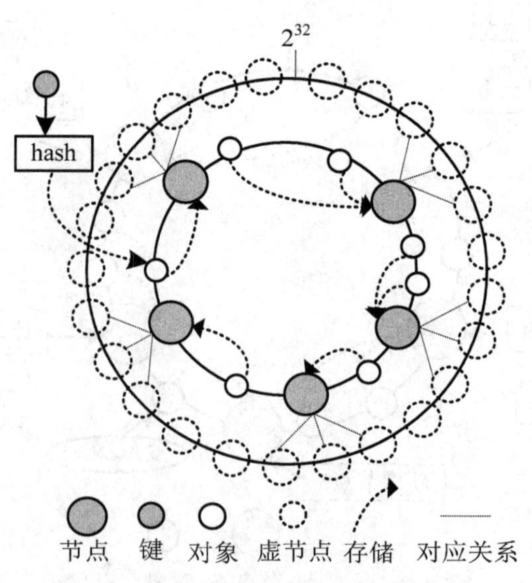

图 8.3　虚节点在空间中的排列

引入了“虚节点”后，映射关系就从（对象→节点）转换成了（对象→虚节点→节点）。查询对象所在节点的映射关系如图 8.4 所示。

从对象到虚节点的映射关系采用哈希算法，而从虚节点到节点的映射由每个虚节点来记录自己对应的节点是哪个节点。如果我们固定虚节点的个数，那么从对象到虚节点的映射就不会发生变化。为了适应节点的增加或减少，只需要改变从虚节点到节点的映射。

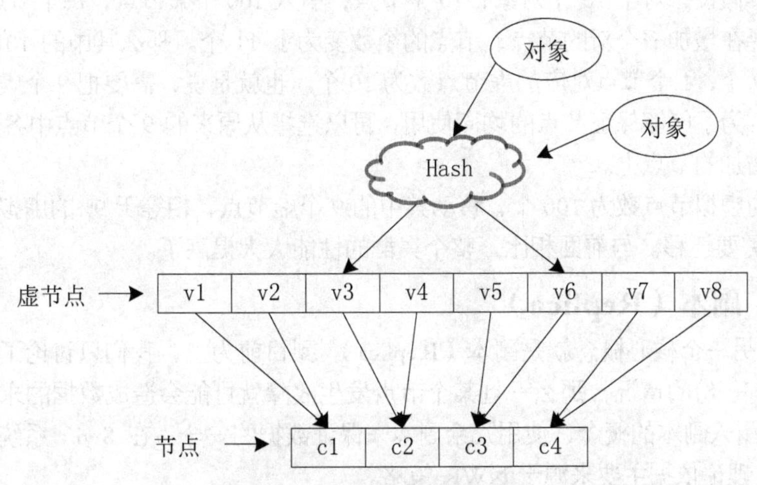

图 8.4　对象到节点的映射关系

虚节点是Swift存储系统中数据迁移的基本单位。当一个虚节点到节点的映射改变的时候，整个虚节点（包含存放在那个虚节点的所有对象）将需要移动到新的节点。而其他虚节点上的对象将不会受到任何影响。

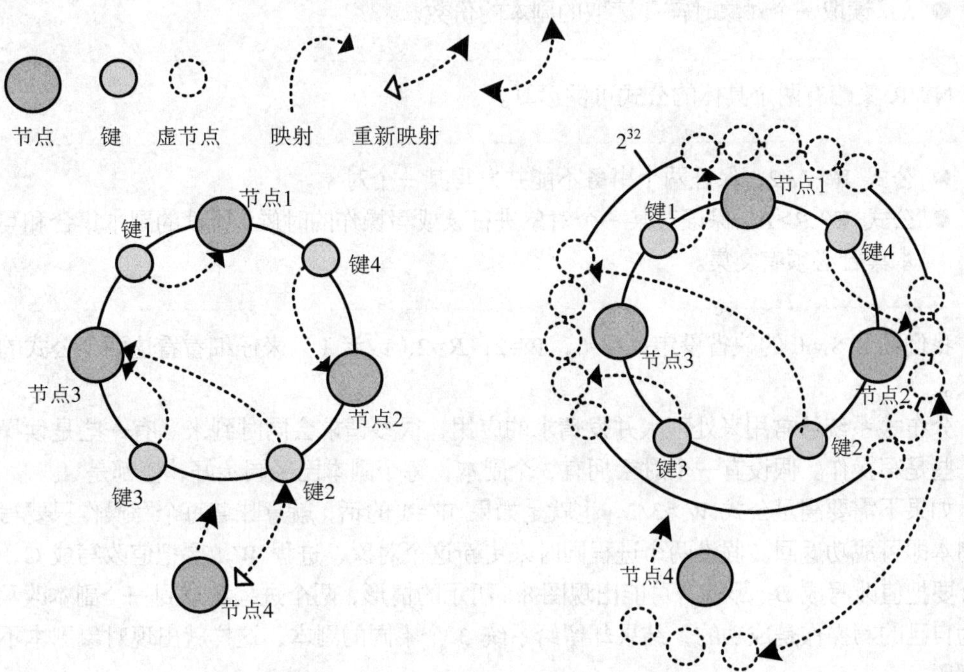

图 8.5　新增节点 4 对数据迁移的影响

如图 8.5 所示，原来的系统包含 3 个节点，每个节点包含 5 个虚节点。当新增加一个节点系统从原来的 3 个节点变成 4 个节点后，为了保证系统的均衡性，原来的 3 个节点每个节点应该包含 4 个虚节点，新增节点 4 应该包含 3 个虚节点。为了把数据迁移量降到最低，Swift 从原有的 3 个节点的每一个节点上迁移 1 个虚节点到新增节点 4 上。

那么增加或减少一个节点会需要移动多少对象呢？

我们仍然假设，对于 10^7 个对象，10 个节点，引入 100 个虚节点，每个节点对应 10 个虚节点。如果现在增加一个新的节点，节点的个数变为了 11 个。那么其中的 10 个节点对应的虚节点数为 9 个，1 个节点对应的虚节点数为 10 个。也就是说，需要把 9 个虚节点移动到新增的节点上。为了能够保证节点的均衡使用，可以选择从原来的 9 个节点中各选择 1 个虚节点移动到新增加的节点上。

因为总的虚拟节点数为 100 个，移动其中的 9 个虚节点，相等于 9%的虚拟节点，也就是 9000 个对象需要迁移。与前面相比，整个集群的性能大大提高了。

8.1.4 副本（Replica）

Swift 的另一个核心概念就是副本（Replica）。到目前为止，我们只讨论了数据在集群中的节点上只有一份的情况，那么一旦某个节点发生故障就可能会造成数据的永久性丢失。因此，Swift 中引入副本的概念，使用冗余副本来保证数据的安全。在 Swift 系统中，副本的默认值为 3，其理论依据主要来源于 NWR 策略。

NWR 是一种在分布式存储系统中用于控制一致性级别的一种策略。每个字母涵义如下。

- N：同一个对象的副本的份数。
- W：更新一个对象时需要确保成功更新的副本的份数。
- R：读取一个对象时需要读取的副本的份数。

NWR 策略有两个具体的公式可供运算。

- 公式 $W>N/2$，保证两个事务不能并发写某一个对象。
- 公式 $W+R>N$，保证对某一个对象进行读或写操作的时候，所读的副本集合和写的副本集合必须有交集。

我们结合 Swift 的缺省设定：N=3，W=2，R=2（或者 1）,来仔细看看这两个公式的实际意义。

分布式系统通常用来处理大并发请求的应用，很多请求会同时到来。有一些是读操作，有一些是写操作。假设有一个对象拥有 3 个副本，每个副本已经同步好，值都是 A。

如果不需要满足公式 $W>3/2$，也就是如果 W=1 的话，就意味着每个写操作只要写完一个副本即可成功返回。假设两个进程同时来更新这个对象，进程 $W1$ 要把值改写成 C，进程 $W2$ 要把值改写成 B，那就有可能出现图 8.6 所示的情形，两个进程各拿到一个副本改写，都认为自己的写操作是成功的，结果却留给系统 3 个不同的副本，这样就出现对象副本不一致的问题。

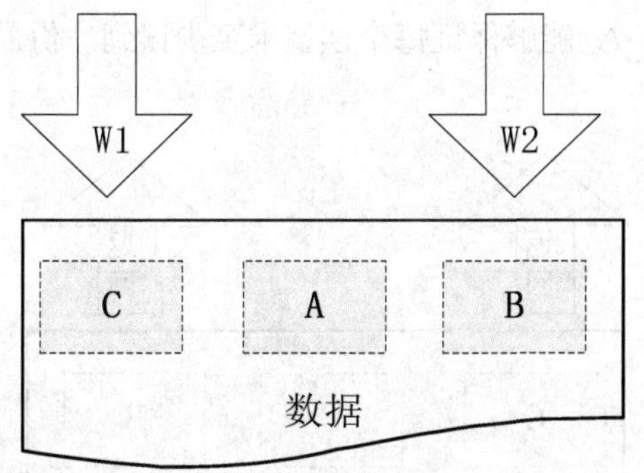

图 8.6 对象副本竞争导致不一致问题

所以公式 $W>N/2$，实际上就是一个写的锁，意味着只有写了过半数以上的副本才算写成功，写不到的就返回失败，解决了竞争的问题。如图 8.7 所示，如果 $W1$ 的请求成功的话，$W2$ 的请求就返回失败。

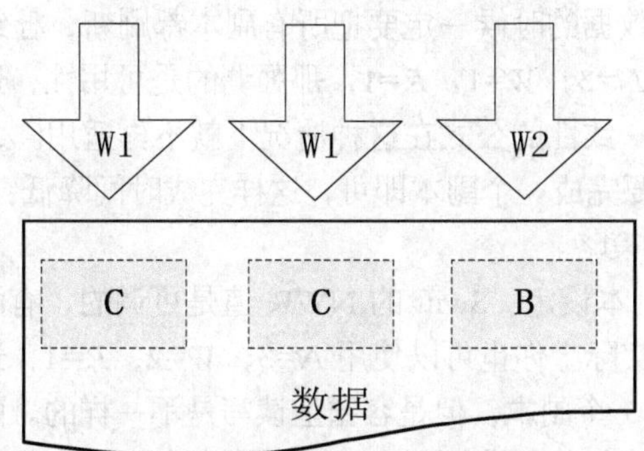

图 8.7 数据副本竞争问题解决策略

$W> N/2$ 也意味着不需要把所有的副本都写完，未完成的可以留给系统在后台慢慢同步，这样可以提高系统对用户请求的响应能力。但是，这就带来了另一个问题，如果一个新的进程读数据的时候，分配到的副本有可能是还没来得及更新的。如图 8.8 所示，这时候 $R1$ 读回去的就是过时的数据 B，而非最新的数据 C。

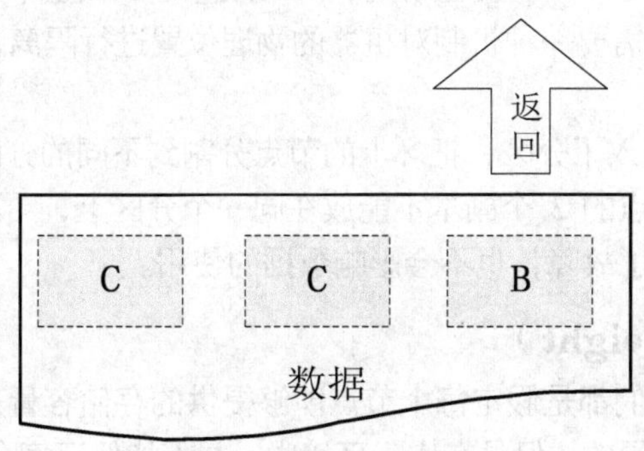

图 8.8 读取最新数据失败

第 2 个公式变形一下就是 $R> N-W$。在我们的假设下，就必须 $R>1$ 才行。如图 8.9 所示，因为在 3 个副本中，只有一个副本的值是过时的数据，所以如果 $R=2$，就可以避免正好只读到没有更新的那一个副本。这样即使读回去的是 C 和 B 两个数据，也可以通过时间戳知道最

新的值是 C。所以 $W+R>N$ 能够保证每个读请求至少读到一份最新的数据，从而保证用户能得到最新数据。

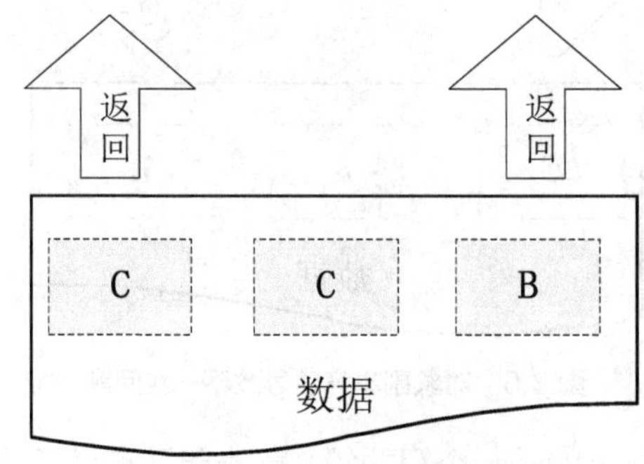

图 8.9　成功读取最新数据

当然 NWR 还可能取其他值，不同的取值代表了不同的倾向。如果设定 N=3，W=3，R=1，那么强调的是一致性，写数据的时候一定要把所有副本都刷新，杜绝中间状态，这样一致性就能得到很好保证。如果 N=3，W=1，R=1，那强调的是可用性，这种情况下一致性被牺牲掉了，所以上面两个保证一致性的公式在这种情况下就不再适用。之所以可用性提高是因为读和写都放低了要求，只要完成一个副本即可，这样完成时间降低，响应速度就更快。N=3，W=2，R=2 是一种折中的策略。

现在再来看 Swift 的副本设定。Swift 的 NWR 值是可调的，有两种配置。一种是标准的 N=3，W=2，R=2。但是实际上你也可以使用 N=3，W=2，R=1，这个更实用点。在这种配置下，虽然一个数据拥有 3 个副本，但是容错上读写是不一样的。网络断线、硬盘故障等意外造成一个副本失效时系统仍然可读可写，但两个副本失效时，受影响的这部分数据系统就变成只读，无法再写了。需要指出的是这个时候读出的数据不能保证是最新的数据。

8.1.5　分区（Zone）

另外，Swift 集群还需要能够有分区容忍性（Partition Tolerance）。也就是说，除了全部节点发生故障以外，所有子节点集合的故障都不允许导致整个系统的响应故障。但是如果把所有的节点都放在一个机架上，一旦发生断电、网络故障，那么整个集群就瘫痪了，不能满足分区容忍性的要求。因此，需要一种机制对机器的物理位置进行隔离，Swift 引入了分区（Zone）的概念。

Swift 在环的结构中引入了分区，把环上的节点分割到不同的分区中去。为了能够提供分区容忍性，其中每个虚节点的 3 个副本不能放在同一个分区上，更不能是同一个节点上。这样，即使当一个分区出现了故障，也不会影响数据的使用。

8.1.6　权重（Weight）

在前面的讨论中，我们都是假定每个节点能够提供的存储容量是相同的，所以给每个节点分配的虚节点数都是相同的。但是在实际环境中，并不能保证每个节点的容量相同。所以，Swift 引入了权重（Weight）的概念，目的是能给按照容量的大小分配虚节点，在添加存储容量更大的节点时，使得其可以分配到更多的虚节点。例如，2TB 容量的节点的虚节点数为 1TB 的两倍。权重的值不一定是整数，可以为 0.5、1.5 等小数。

8.1.7 小结

本节我们详细讲解了环（Ring）的构建原理。引入一致性哈希的原因是为了减少由于增加、减少节点导致对象移动的数量来保证系统的单调性。引入虚节点的原因是为了减少由于节点数过少导致移动过多的对象，从而提高系统的可扩充性。引入副本的原因是为了避免节点故障会带来数据丢失，从而提高系统的可靠性。引入分区的原因是为了提高分区容忍性，避免由于局部故障导致整个系统不工作。引入权重的原因是为了保证即使在节点能力不同的情况下，也能够让系统的负载均匀分配到各个节点上。

8.2 环的数据结构

环是为了将虚节点映射到一组物理存储节点上并提供一定的冗余度而设计的，其数据结构由以下信息组成。

- 存储节点列表：节点信息包括唯一标识号（id）、区域号（zone）、权重（weight）、IP 地址（ip）、端口（port）、节点名称（device）、元数据（meta）。
- 虚节点到节点的映射关系（replica2part2dev_id 数组）。
- 计算虚节点号的位移(part_shift 整数，即图 8.10 所示的 m)。

图 8.10 展示了以查找一个对象为例的计算过程。

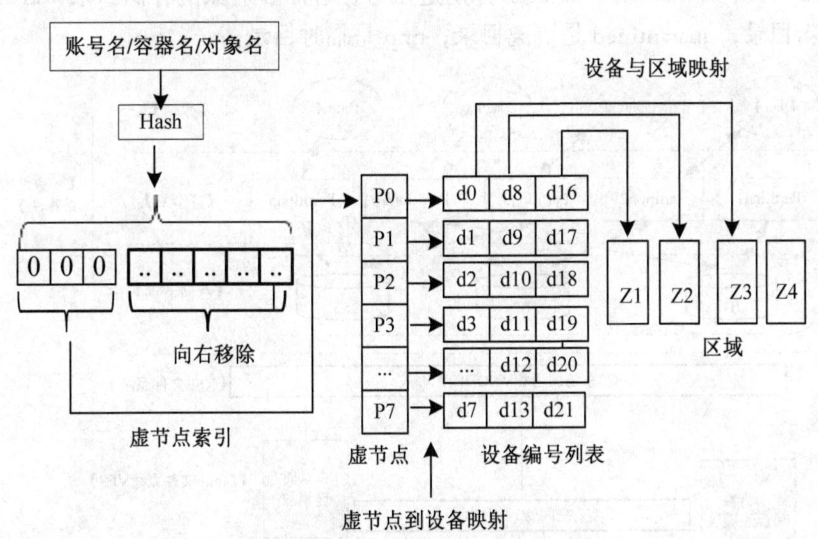

图 8.10 环的数据结构

使用对象的层次结构账号/容器/对象作为键，使用 MD5 散列算法得到一个散列值，对该散列值的前 4 个字节（32 位）进行右移操作，得到虚节点索引号，移动位数由上面的 part_shift 设置指定。按照虚节点索引号在虚节点到节点的映射表（replica2part2dev_id）里查找该对象所在虚节点对应的所有节点编号。这些节点会被尽量选择部署在不同区域（Zone）内，区域只是个抽象概念，它可以是某台机器、某个机架。甚至某个建筑内的机群，以提供最高级别的冗余性，建议至少部署 5 个区域。权重参数是个相对值，可以根据磁盘的大小来调节，权重越大表示可分配的空间越多，可部署更多的虚节点。

所以，只要给定一个对象的账号名、容器名以及对象名，Swift 就可以通过环数据结构找到存储该对象的 3 个存储节点。

Swift 为账号、容器和对象分别定义了环，查找账户和容器是同样的过程。

8.3 存储节点的实现

在前一节，我们描述了环的数据结构以及如何通过环的数据结构查找对象存储节点的过程。那么在 Swift 集群中的每一个存储节点上，Swift 如何具体实现账号（Account）、容器（Container）和对象（Object）的存储呢？在找到对象所在的存储节点以后，又如何再给节点找到对象呢？这就是本节将要描述的内容。

如前所述，对象通过两次映射得到自己的存储节点位置。首先是通过一致性哈希算法将每个对象映射到固定个数的虚节点上，然后再把虚节点映射到每个存储节点上。在每个存储节点上运行的是 Linux 操作系统，并安装了 XFS 文件系统。其层次结构如图 8.11 所示。

以一个存储节点 sw31 为例，该存储设备的文件路径挂载到/srv/node/sdc。目录的结构如下所示。

```
root@sw31:/srv/node/sdc# ls
accounts  async_pending  containers  objects  quarantined  tmp
```

其中 accounts、containers、objects 分别是账号、容器和对象的存储目录，async_pending 是异步待更新目录，quarantined 是隔离目录，tmp 是临时目录。

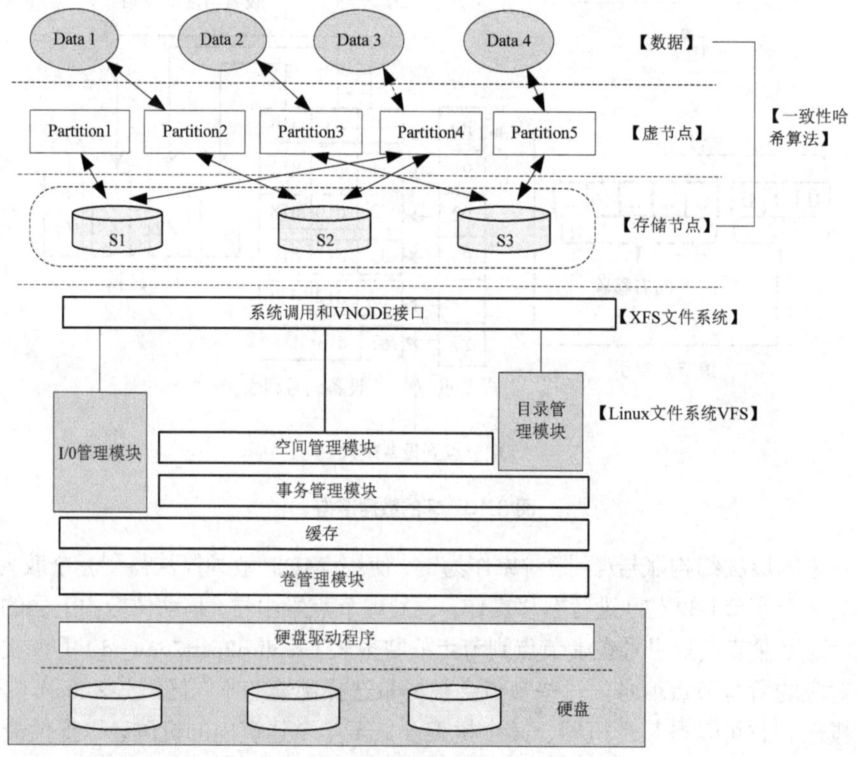

图 8.11 存储节点层次结构

大家知道，在 Swift 系统中的数据有 3 类：账号数据库、容器数据库和对象。这 3 种数据都会分散存储在整个集群的存储节点上。从另一个角度讲，也就是说在每一个存储节点上都会存储 3 类数据。所以，大家在上面的目录列表中可以看见有 objects、containers 和 accounts 目录。把所有存放对象的虚节点都归类到 objects 目录下，把所有存放容器的虚节点都归类到 containers 目录下，把所有存放账号的虚节点都归类到 accounts 目录下。而在每个目录内的存储层次再按相应的逻辑结构来存放。我们将在下面各节分别进行讲解。

8.3.1 对象（objects）目录

本节我们将介绍 objects 目录的结构以及如何确定一个对象的绝对路径。

1. 对象目录结构

在 objects 目录下存放的是用来存放对象的各虚节点（partition）目录，其中每个 partition 目录由若干个 suffix_path 名的目录和一个 hashes.pkl 文件组成。suffix_path 目录是由 object 的 hash_path 名构成的目录，在 hash_path 目录下存放了关于 object 的数据和元数据。objects 存储目录的层次结构如图 8.12 所示。

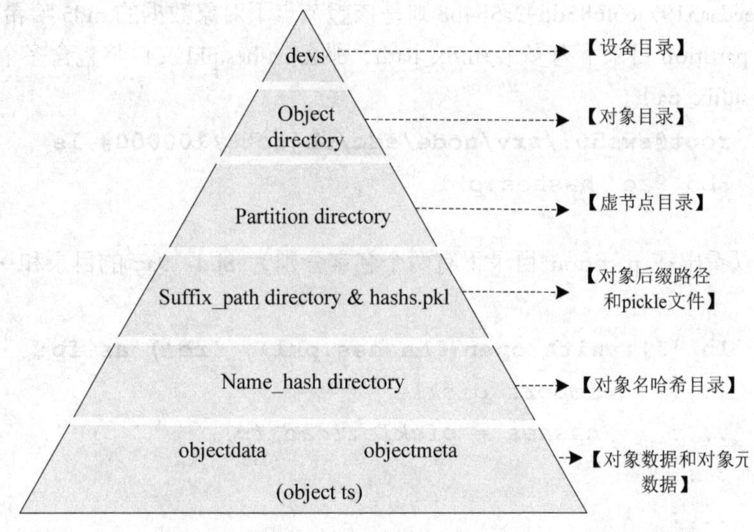

图 8.12 objects 目录结构

首先，在 objects 目录下存放的是该节点里包含的所有虚节点（partition）目录。例如：

```
root@sws50:/srv/node/sdc/objects# ls
100000 100001 100006
```

每个虚节点目录下存在若干个 suffix_path 名的目录和一个 hashes.pkl 文件。假如我们进入虚节点目录“100000”。

```
root@sws50:/srv/node/sdc/objects/100000# ls
8bd  hashes.pkl
```

每个对象的存储路径主要由它的账号名、容器名以及对象名来决定。但是为了提高安全性，Swift 引入了 suffix_path 的概念，把 suffix_path 作为对象存储路径的一部分，从而提高了对账号路径的预测难度。suffix_path 的值存放在/etc/swift/swift.conf 中（HASH_PATH_SUFFIX）。

hashes.pkl 是存放在每个 partition 中的一个二进制 pickle 文件。所谓 pickle 文件就是把一个有结构的对象的数据转换为一个字节流。转换的目的是为了能够方便存储和在网络上进行传输。当需要获得对象内容的时候，对 pickle 文件进行 unpickling 就可以获得。

从前面的例子可以看出，在 partition 目录下有一个名为 8bd 的目录和一个 hashes.pkl 文件。

```
In [1]: with open('hashes.pkl', 'rb') as fp:
   ...:     import pickle
   ...:     hashes = pickle.load(fp)
   ...:
   ...:
In [2]: hashes
Out[2]: {'8bd': '9e99c8eedaa3197a63f685dd92a5b4b8'}
```

通过对 hashes.pkl 文件进行 unpickling 可以看出该文件包含一个键-值对：{'8bd': '9e99c8eedaa3197a63f685dd92a5b4b8'} 。其中 '8bd '是 suffix_path 目录，而'9e99c8eedaa3197a63f685dd92a5b4b8'则是该虚节点下对象数据的 md5 哈希值。

如果在该 partition 目录下有多个 suffix_path，那么 hashes.pkl 文件将包含多个键-值对。每一对对应一个 suffix_path。

```
root@sws50:/srv/node/sdc/objects/100000# ls
8bd 9ac  hashes.pkl
```

从上面可以看出在 partition 目录下有两个名字分别为 8bd、9ac 的目录和一个 hashes.pkl 文件。

```
In [1]: with open('hashes.pkl', 'rb') as fp:
...:     import pickle
...:     hashes = pickle.load(fp)
...:
...:
In [2]: hashes
Out[2]: {'8bd': '9e99c8eedaa3197a63f685dd92a5b4b8'
       '9ac': '8d76c8ffdbc23679b3d453aa87a5b7d8'}
```

通过对 hashes.pkl 文件进行 unpickling 可以看出该文件总共包含两个键-值对，除了刚才的{'8bd': '9e99c8eedaa3197a63f685dd92a5b4b8'}以外，可以看见还增加了一个后缀为'9ac'的新的键-值对{'9ac': '8d76c8ffdbc23679b3d453aa87a5b7d8'}。

'8bd '是 suffix_path，而'9e99c8eedaa3197a63f685dd92a5b4b8'则是该虚节点下对象数据的 md5 哈希值，该值是对象的校验值，用来检验该对象上传、下载时是否出错。同样的，'9ac'是 suffix_path，而'8d76c8ffdbc23679b3d453aa87a5b7d'则是该虚节点下对象数据的 md5 哈希值。

2．对象存储路径的组成

上一节我们已经描述了如何通过环找到一个对象所在的存储节点，现在来描述一个对象在存储节点的存储路径。首先，我们通过实例来看一下对象的存储路径的组成。例如，某 object 的存储路径如下。

/srv/node/sdc/objects/19892/ab1/136d0ab88371e25e16663fbd2ef42ab1/1320050752.09979.data

其中每个子目录分别表示，如图 8.13 所示。

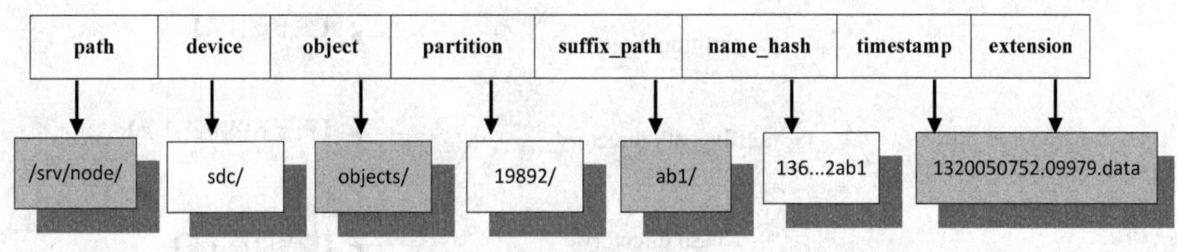

图 8.13 对象存储路径实现

从中我们可以看出，一个对象在存储节点的存储路径由下面几部分组成。

- path： 服务器存储设备挂载点。
- device： 存储设备的名字。
- object： 对象虚节点，固定值为“objects”。
- partitions： 虚节点号。
- suffix_path： 后缀。
- name_hash： '/{account}/{container}/{object}/{suffix_path}'的 MD5 哈希值。
- timestamp： 创建对象的“16 位.5 位”的时间戳。
- extension： 扩展名。

3．对象数据

在对象的路径的目录下有两个文件，一个用来存放对象的数据，另一个用来存放对象的元数据。对象的数据存放在后缀为.datal 的文件中，它的元数据存放在以.meta 为后缀的文件中。如果一个对象将被删除的话，该对象以一个 0 字节后缀为.ts 的文件存放。

8.3.2 账号（accounts）目录

本节我们描述 accounts 目录的结构，以及如何确定一个账号的绝对路径。

1．账号目录结构

账号目录下是本存储节点上用来存放账号数据的所有虚节点（partitions）。而每个虚节点目录由若干个 suffix_path 目录组成，每个 suffix_path 目录下是由 account 的 hash 名构成的目录，在 hash 目录下存放了关于 account 的 sqlite.db，account 存储目录的层次结构如图 8.14 所示。

2．账号存储路径的组成

账号（account）在存储节点上的存储路径与对象（object）的存储路径类似。但是用来存储账号数据的数据库的名字是对 account 名字和 suffix_path 连接生成的字符串使用 MD5 哈希函数生成的，而不是使用时间戳的形式。例如，某账号的数据库存储路径为 /srv/node/sdc/accounts/20443/ac8/c7a5e0f94b23b79345b6036209f9cac8/c7a5e0f94b23b79345b6036209f9cac8.db

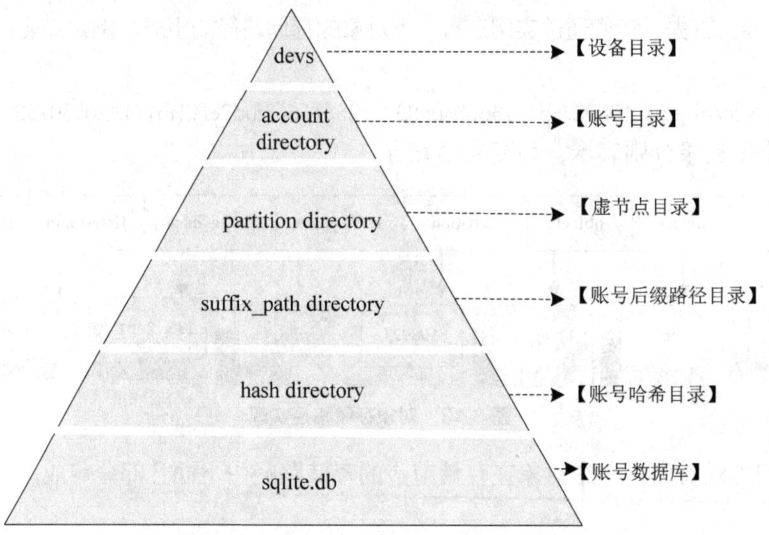

图 8.14　accounts 目录结构

其中每个子目录分别表示如下。

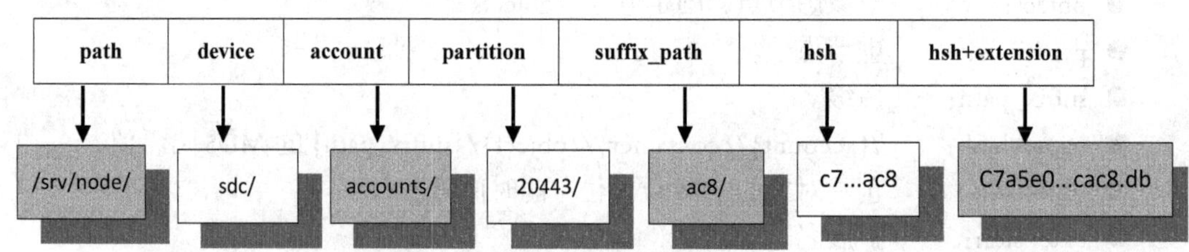

图 8.15　accounts 数据库存储路径

3．账号数据库的数据

account 的数据库文件包含了 account_stat、container、incoming_sync、outgoing_sync 4 张表。

（1）表 account_stat

表 account_stat 记录关于 account 的信息，如名称、创建时间、container 数统计等，其 schema 如下。

```
CREATE TABLE account_stat (
        account TEXT,
        created_at TEXT,
        put_timestamp TEXT DEFAULT '0',
        delete_timestamp TEXT DEFAULT '0',
        container_count INTEGER,
        object_count INTEGER DEFAULT 0,
        bytes_used INTEGER DEFAULT 0,
        hash TEXT default '00000000000000000000000000000000',
        id TEXT,
```

```
        status TEXT DEFAULT '',
        status_changed_at TEXT DEFAULT '0',
        metadata TEXT DEFAULT ''
    );
```

其中：

- account 表示账号的名称。
- created_at 表示创建时间。
- put_timestamp 表示最近上传的时间。
- delete_timestamp 表示删除的时间。
- container_count 为该账号包含多少个容器的计数。
- object_count 为该账号包含多少个对象的计数。
- bytes_used 表示该账号已使用的字节数。
- hash 表示账号数据库文件的哈希值。
- id 表示账号的唯一标识符。
- status 表示账号是否已经被删除。
- status_changed_at 表示状态修改时间。
- metadata 表示账号的元数据。

以 test 账号为例，该 db 的表 account_stat 中存放了图 8.16 所示数据项。

序号	Name	Type	Not Null	Default	Indexed
1	account	TEXT	☐		No
2	created_at	TEXT	☐		No
3	put_timestamp	TEXT	☐	'0'	No
4	delete_timestamp	TEXT	☐	'0'	No
5	container_count	INTEGER	☐		No
6	object_count	INTEGER	☐	'0'	No
7	bytes_used	INTEGER	☐	'0'	No
8	hash	TEXT	☐	'00000000...'	No
9	id	TEXT	☐		No
10	status	TEXT	☐	''	No
11	status_changed_at	TEXT	☐	'0'	No
12	metadata	TEXT	☐	''	No

图 8.16　account_stat 数据项

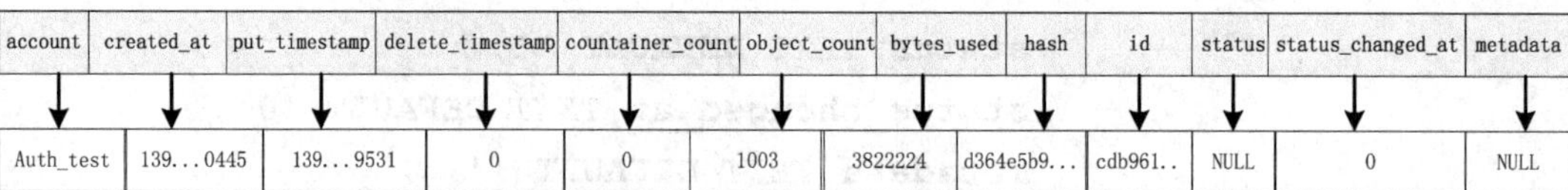

图 8.17 account_stat 内容

（2）表 container

表 container 记录该账号拥有的每个容器的信息，其 schema 如下。

```
CREATE TABLE container (
        ROWID INTEGER PRIMARY KEY AUTOINCREMENT,
        name TEXT,
         put_timestamp TEXT,
         delete_timestamp TEXT,
         object_count INTEGER,
        bytes_used INTEGER,
        deleted INTEGER DEFAULT 0
        );
```

其中：

- ROWID 字段表示自增的主键。
- name 字段表示容器的名称。
- put_timestamp 表示容器更改的时间。
- delete_timestamp 表示容器删除的时间。
- object_count 表示容器内的对象的个数。
- bytes_used 表示该容器已使用的空间。
- deleted 表示容器是否已删除。

账号 test 的 account 表中的数据项如图 8.18 所示。

序号	Name	Type	Not Null	Default	Indexed
1	ROWID	INTEGER	☐		No
2	name	TEXT	☐		Yes
3	put_timestamp	TEXT	☐		No
4	delete_timestamp	TEXT	☐		No
5	object_count	INTEGER	☐		No
6	bytes_used	INTEGER	☐		No
7	deleted	INTEGER	☐	0	Yes

图 8.18 container 的内容

（3）表 incoming_sync

表 incoming_sync 记录到来的同步数据项，其 schema 如下。

```
CREATE TABLE incoming_sync (
                remote_id TEXT UNIQUE,
                sync_point INTEGER,
                updated_at TEXT DEFAULT 0
            );
```

其中：

- remote_id 字段表示远程节点的 id，也就是需要根据那个节点的值进行同步。
- sync_point 字段表示上一次更新所在的数据项所在的行位置。
- updated_at 字段表示更新时间。

关于容器同步的方法我们将在 8.4 节讲解。账号 test 的表 incoming_sync 中的数据项如图 8.19 和图 8.20 所示。

序号	Name	Type	Not Null	Default	Indexed
1	remote_id	TEXT	☐		No
2	sync_point	INTEGER	☐		No
3	updated_at	TEXT	☐	0	No

图 8.19　mcoming_sync 数据项

序号	remote_id	sync_point	updared-at
1	f34ad422-254d-42de-1e24-dea424ef31ac	84	1393209958
2	A425e53-984e-fa3c-4acd-d24344312ad3d	86	1393209976

图 8.20　imcoming_sync 的内容

（4）表 outgoing_sync

表 outgoing_sync 表示推送出的同步数据项，其 schema 如下。

```
CREATE TABLE outgoing_sync (
                remote_id TEXT UNIQUE,
                sync_point INTEGER,
                updated_at TEXT DEFAULT 0
            );
```

其中：

- remote_id 字段表示远程节点的 id。
- sync_point 字段表示上一次更新所在的行位置。
- updated_at 字段表示更新时间。

账号 test 的表 outgoing_sync 中的数据项如图 8.21 所示。

序号	remote_id	sync_point	updated_at
1	1541a4d4-d5a4-35ac-e422-a54762cd3	86	1393574562

图 8.21　outgoing_sync 的内容

8.3.3　容器（containers）目录

本节我们描述 containers 目录的结构以及如何确定一个容器的绝对路径。

containers 目录结构与 accounts 类似。Container 数据库中共有 5 张表，其中 incoming_sync 和 outgoing_sync 的数据库模型与 Account 数据库中的相同，我们不再重复。其他 3 张表分别为 container_stat、object、sqlite_sequence。

表 container_stat 与表 account_stat 相似，其区别是 container_stat 存放的是关于 container 的信息。

```
CREATE TABLE container_stat (
        account TEXT,
        container TEXT,
        created_at TEXT,
        put_timestamp TEXT DEFAULT '0',
        delete_timestamp TEXT DEFAULT '0',
        object_count INTEGER,
        bytes_used INTEGER,
        reported_put_timestamp TEXT DEFAULT '0',
        reported_delete_timestamp TEXT DEFAULT '0',
        reported_object_count INTEGER DEFAULT 0,
        reported_bytes_used INTEGER DEFAULT 0,
       hash TEXT default'00000000000000000000000000000000',
        id TEXT,
        status TEXT DEFAULT '',
        status_changed_at TEXT DEFAULT '0',
        metadata TEXT DEFAULT '',
        x_container_sync_point1 INTEGER DEFAULT -1,
        x_container_sync_point2 INTEGER DEFAULT -1
);
```

其中：

- account 字段表示容器所在的账号。
- container 字段表示容器的名称。
- created_at 表示容器的创建时间。
- put_timestamp 表示容器上次更新的时间。
- delete_timestamp 表示容器删除的时间。

- object_count 表示容器内对象的个数。
- bytes_used 表示该容器使用的空间。
- hash 表示数据库文件的哈希值。
- id 表示容器的统一标识符。
- status 表示 container 状态。
- status_changed_at 表示容器最后的更改时间。
- metadata 表示容器的元数据。
- x_container_sync_point1 表示同步点 1。
- x_container_sync_point2 表示同步点 2。

同步点 1 和同步点 2 的含义和用途见 8.4 节（容器同步的实现）。

另外，因为每个容器的数据都会在 Swift 集群中存放 3 份（默认设置），为了保证 3 份数据的一致性，每个容器需要把自己的数据更改汇报给其他副本。为了能够判断在前一次汇报后是不是有新的数据更改，在 container_stat 数据表中，设置了与汇报有关的字段：reported_put_timestamp、reported_delete_timestamp、reported_object_count、reported_bytes_used。如果 reported_put_timestamp 或 reported_delete_timestamp 的值小于对应的 put_timestamp 和 delete_timestamp 的值，或者 reported_object_count 或 reported_bytes_used 的值不等于相对应的 object_count 和 bytes_used 的值，那么就意味着在上次汇报以后该容器的数据发生了变化，需要重新进行汇报。

以名称为 test 的 container 数据库为例，其中的表 container_stat 数据项（共 18 项）如图 8.22 所示。

account	container	created_at	put_timestamp	delete_timestamp	object_count
AUTH_test	mycontainer	1393214226.53894	1393214264.60308	1393214279.38468	2

bytes_used	reported_put_timestamp	reported_delete_timestamp	reported_object_count
25354	0	0	0

reported_bytes_used	hash	id	status	Status_changed_at
0	000000...	16c26048-6ea4-4840-b2d6-415db2e06946	NULL	0

metadata	x_container_sync_point1	x_container_sync_point2
NULL	−1	−1

图 8.22 container_stat 数据项内容

表 object 用来记录本容器中存放的每一个记录的信息，其 schema 如下。

```
CREATE TABLE object (
        ROWID INTEGER PRIMARY KEY AUTOINCREMENT,
        name TEXT,
        created_at TEXT,
        size INTEGER,
        content_type TEXT,
        etag TEXT,
        deleted INTEGER DEFAULT 0
    );
```

其中：

- ROWID 是自动生成的关键值。
- name 字段表示对象的名字。
- created_at 表示创建时间。
- size 表示对象的大小。
- content_type 表示对象内容的类型（类型有：'text/plain'、'application/json'、'application/xml'、'text/xml'）。
- etag 表示用户给定的标识。
- deleted 表示该对象是否已经被删除。

test container 数据库的表 object 数据项如图 8.23 所示。

序号	ROWID	name	created_at	size	Content_type	etag	deleted
1	1	Image1	1393218735.04362	23	Text/plain	422425154f154151...	0

图 8.23　object 数据项内容

8.3.4　临时（tmp）目录

tmp 目录是用来作为对象服务器向 partition 目录内写入数据前的临时目录。例如，当客户端向服务端上传某一个文件时，对象服务器首先把文件内容上传到临时目录 path/device/tmp 下。当数据上传完成之后，再通过重命名方法将数据移动到最终的目录下。

8.3.5　async_pending 目录

在 Swift 系统中，当一个对象加入到存储系统后，还需要更新该对象所在容器以及账号的数据库的内容，以便正确反映存储系统的最新情况。但是，在系统故障或者是系统高负荷的情况下，可能会因为容器或账号所在的节点过于繁忙，容器或账号数据库中的数据不会立即得到更新。如果这种情况发生，那么该次更新就会先加入到本地文件系统上的 async_pending 目录下，以便更新器会在后续的更新中继续处理这些没有完成的更新工作。

1．实现流程

当对象所在的存储节点完成了对象上传工作后，在与 Swift 集群服务器建立 http 连接或者发送数据超时导致更新失败时，Swift 会把文件放入 async_pending 目录下。这种情况一般会发生在系统故障或者是高负荷的情况下。如果更新失败，那么本次更新将被加入到 sync_pending 队列中，然后由更改器（Updater）再继续处理这些没有完成的更新工作。例如，假设一个容器服务器处于高负荷下，此时一个新的对象被加入到系统。当代理服务器（Proxy）成功地响应了客户端的请求时，这个对象将变为直接可访问的，但是容器服务器还没有更新对象列表，这种情况下，就会把本次更新加入队列等待延后的更新。所以容器服务器的列表不可能马上就包含这个新对象，随后更改服务器使用 object_sweep 扫描各个设备上的 async_pending 目录，获取需要更新的容器或账号的路径目录（prefix），然后遍历每一个 prefix 目录并执行更改。一旦完成更改，则移除 async_pending 目录下的文件（实际上，是通过调用 renamer 函数将文件移动到 object 相应的目录下）。

2. 举例

为了验证以上的实现流程，我们通过执行一个并发上传 1000 个文件的脚本，观察 sws50 的 async_pending 目录下所发生的变化过程。在我们的举例中，async_pending 的路径为 /srv/node/sdc/async_pending/，在执行上传文件的脚本前该目录下为空。脚本执行完毕后，async_pending 目录下产生了一些 prefix 目录，cd 到一个 prefix 为 cb9 的目录中，观察其中的数据。

```
root@sws50:/srv/node/sdc/async_pending/cb9# ll
total 24
-rw------- 1 swift swift 324 2011-11-08 10:15
 69a5ee25ea7a4a4b08ea47102930fcb9-1320718532.01864
-rw------- 1 swift swift 324 2011-11-08 10:15
69a5ee25ea7a4a4b08ea47102930fcb9-1320718537.04863
-rw------- 1 swift swift 324 2011-11-08 10:15
69a5ee25ea7a4a4b08ea47102930fcb9-1320718543.08122
-rw------- 1 swift swift 324 2011-11-08 10:15
69a5ee25ea7a4a4b08ea47102930fcb9-1320718550.13288
-rw------- 1 swift swift 324 2011-11-08 10:15
 69a5ee25ea7a4a4b08ea47102930fcb9-1320718558.18801
-rw------- 1 swift swift 324 2011-11-08 10:16
69a5ee25ea7a4a4b08ea47102930fcb9-1320718567.25494
```

文件路径的组成如图 8.24 所示，其中数据名称由 hash_path 后面紧跟“-”，再后面是以发送容器请求的头部（Header）中包含的时间戳所产生。

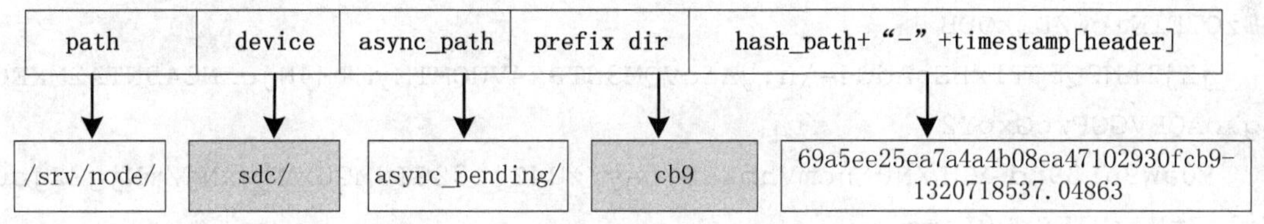

图 8.24 async_pending 目录表示

2 分钟之后，查看该目录下的文件，仅剩下一个文件。

```
root@sws50:/srv/node/sdc/async_pending/cb9# ll
total 4
-rw-------1 swift swift 3562 011-11-08 10:18
69a5ee25ea7a4a4b08ea47102930fcb9-1320718567.25494
```

最后 async_pending 目录变为空。

3. 待更新数据库（db pending）文件

和对象（Object）待更新文件不同，账号和容器的待更新数据库（db pending）文件并不会独立地存在于 async_pending 目录下，它们的 pending 文件会与其 db 文件在同一个目录下存放。例如：

某容器的 db 文件为 b8e7f40f8c2012d17aca4e0483d391d0.db，其 pending 文件为 b8e7f40f8c2012d17aca4e0483d391d0.db.pending，一起存放在 suffix 目录 1d0 下。

再次执行测试脚本观察 1d0 目录下的变化，执行前 pending 文件的大小为 0kB，执行过程中，pending 的大小慢慢增加到 12kB 左右，接着又缓慢下降直到 0kB。读取此过程某一时刻的 pending 文件。其中内容如下所示。

:gAIoVQM3MzVxAVUQMTMyMTE4NjczMy4yNTQ0N3ECSgBwAQBVGGFwcGxpY2F0aW9uL29jdGV0LXN0
\ncmVhbXEDVSBkYmQzZjhmYjQ1ZmQyZjBkZGZmNTA1ODZkNWU0ZGY3ZnEESwB0Lg==\n:gAIoVQM3Mzh
xAVUQMTMyMTE4NjczMy41MjM4MXECTQDcVRhhcHBsaWNhdGlvbi9vY3RldC1zdHJ
l\nYW1xA1UgOGI3YzR
iZGVlYzNkZGU4ZDI5OWU1Yzk1ZmE1N2ExZWVxBEsAdC4=\n:gAIoVQM3MzlxAVUQ
MTMyMTE4NjczMy42M
zg0NnECTQCgVRhhcHBsaWNhdGlvbi9vY3RldC1zdHJl\nYW1xA1UgMmQ1ZDlhYjk
0MzlkMTNiMmZhODhiZmF
mNTk3NTRkMjZxBEsAdC4=\n:g.......................................
...AIoVQM3NDdxAVUQMTM
yMTE4NjczNC40MzIxNnECSgBoAQBVGGFwcGxpY2F0aW9uL29jdGV0LXN0\ncmVhb
XEDVSBjYTgzNmZhY2Fh
MzY0MGQwNDc4YTU5OGQzZmUzYmRiNHEESwB0Lg==\n:gAIoVQM3NDlxAVUQMTMyM
TE4NjczNC42MzA
1NXECTQCUVRhhcHBsaWNhdGlvbi9vY3RldC1zdHJl\nYW1xA1UgY2Y5NWU3MDIxN
WEzOTFlNzcwZDBkODB
jZjlhN2Q5OTlxBEsAdC4=\n:gAIoVQM3NTBxAVUQMTMyMTE4NjczNC43NTA2MXEC
SgAoAQBVGGFwcGxpY2
F0aW9uL29jdGV0LXN0\ncmVhbXEDVSAyYzU4Zjc3ZGIwMGUxMTgxNjZmNjg2Zjc0
YzlmZmNjZHEESwB0Lg==\n'

使用“:”将以上字符串分割成 list，我们得到第一个非空元素 y[1]。

'gAIoVQM3MzVxAVUQMTMyMTE4NjczMy4yNTQ0N3ECSgBwAQBVGG
FwcGxpY2F0aW9uL29jdGV0LXN0\ncmVhbXEDVSBkYmQzZjhmYjQ1ZmQy
ZjBk
ZGZmNTA1ODZkNWU0ZGY3ZnEESwB0Lg==\n'

其表示一个名称为'735'，大小为 94208B，md5 哈希值为 dbd3f8fb45fd2f0ddff50586d5e4df7f 的可访问的字节流文件。此过程由 ContainerBroker 类的_commit_puts 方法完成，随后使用 put_object 方法把这些数据项放入 container db 的 object 表中，.pending 文件中的数据类型与 object 表中的字段定义一致。

从 account 与 container 的 db 和 object 两者的 pending 文件处理方式中发现其不同之处在于，db 的 pending 文件在更新完其中的一项数据之后，删除 pending 文件中的相应的数据项，而 object 的数据在更新完成之后，移动 pending 文件到目标目录。

8.3.6 隔离（quarantined）目录

审计（Auditor）进程会在本地服务器上每隔一段时间就扫面一次磁盘来检测 account、container、object 的完整性。一旦发现不完整的数据，该文件就会被隔离，该目录就称为隔离（quarantined）目录。为了限制审计进程消耗过多的系统资源，其默认扫描间隔是 30 秒，每秒最大的扫描文件数为 20，最高速率为 10Mbit/s。

obj auditor 使用 AuditorWorker 类的 object_audit 方法来检查文件的完整性，该方法封装了 obj server 的 DiskFile 类，该类有一个_handle_close_quarantine 方法，用来检测文件是否需要被隔离，如果发现损坏，则直接将文件移动到隔离目录下。随后 replicator 从其他副本处复制新的文件来替换，最后 Server 计算文件的 hash 值是否正确。整个处理流程如图 8.25 所示。

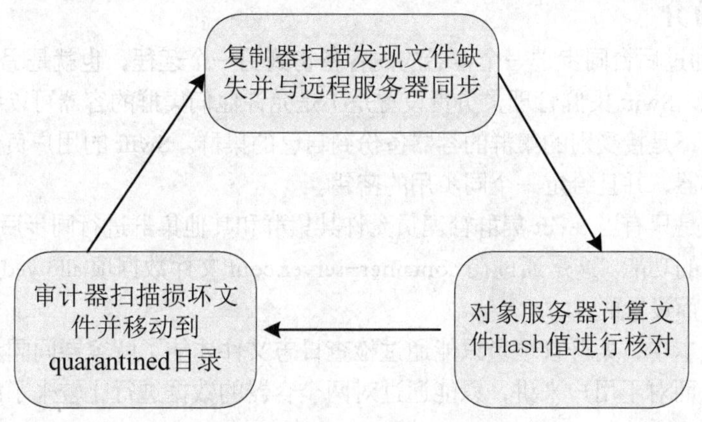

图 8.25 隔离对象的处理流程

为了验证审计器的有效性，让我们做一个简单的测试。首先，我们在路径为 srv/4/node/sdb4/objects/210/82c/003499609ba80372d62aa39a9f9a482c/1321186693.02822.data 的文件中随意写入一串字符。约过了 10 秒之后，发现 sdb4/目录下建立了一个 quarantined 目录，其中包含 object 目录里面损坏了的文件，其路径为/srv/4/node/sdb4/quarantined/objects/003499609ba80372d62aa39a9f9a482c/1321186693.02822.data。此时，打开源目录下的文件，已恢复为修改前的状态。

account 使用 AccountAuditor 类的 account_audit 方法，container 使用 ContainerAuditor 类的 container_audit 方法对目录下的数据库文件进行检查。然而，在测试时，对 container 目录下的某 db 文件进行了修改，大约经过了数分钟后，该 db 文件才被隔离。这是因为 account 和 container 的 auditor 的扫面间隔与 object 差异较大。对 account 和 container 的扫描间隔的初始化设置的值默认为 1800s，然后在 run_forever 中传入该参数到 random 函数来设置休眠时间，每次执行的间隔在 180~1800s 之间，也就是 3 到 30 分钟。设置较长间隔的原因主要是由于每次检查 db 文件前，需要锁住 db 文件，如果检查过于频繁会影响存储节点的 db 正常的读写性能。

8.3.7 小结

我们在本节介绍了 Swift 存储节点的实现，包含对象、账号以及容器在存储节点上的存储路径和存储内容，同时也介绍了其他目录，async_pending、quarantined 和 temp 的作用。存储结点上的各路径是由不同的进程产生和维护的。Accounts 目录存放了关于 account 的信息，主要记录 account 下的 container 信息，Containes 目录存放了关于 container 的信息，主要记录了该 container 下的 object 信息，Objects 目录则是存放了文件的数据和元数据，tmp 目录是数据写入以上目录前的临时目录，async_pending 存放未能及时更新而被加入更新队列的数据，quarantined 路径用于隔离发生损坏的数据。

8.4 容器间同步的实现

本节将介绍 Swift 提供的远程备份的功能，也就是远程容器间的同步功能。

8.4.1 简介

Swift 具有通过后台同步把一个容器的内容备份到另一个远程，也就是另一个 Swift 集群上的容器的功能。Swift 集群管理员负责设置是不是允许他们集群的容器可以备份到别的集群的容器，以及是不是接受别的集群的容器备份到自己的集群。Swift 的用户负责指定往哪些集群备份自己的容器，并且给定一个同步用的密钥。

值得指出的是只有当 Swift 集群管理员允许其集群和其他集群进行同步后，用户才能使用远程容器间同步的功能。这是通过在 container-server.conf 文件数据项 allowed_sync_hosts 中给定同步集群列表而设置的。

在当前的版本中，集群管理员只能通过检查日志文件才能了解容器间同步的进展、问题以及总体情况。而对于用户来讲，只能通过对两个容器的数据进行比较来了解它们间的同步情况。

8.4.2 设置容器同步

设置容器同步，用户使用 Swift 工具告诉容器往哪里同步，并且给定一个同步密钥就可以了。首先，我们需要得到在两个 Swift 集群中的账户信息。

```
$ swift -A http://cluster1/auth/v1.0 -U test:tester -K testing stat -v
      StorageURL:
http://cluster1/v1/AUTH_208d1854-e475-4500-b315-81de645d060e
      Auth Token: AUTH_tkd5359e46ff9e419fa193dbd367f3cd19
      Account: AUTH_208d1854-e475-4500-b315-81de645d060e
      Containers: 0
      Objects: 0
      Bytes: 0

$ swift -A http://cluster2/auth/v1.0 -U test2:tester2 -K testing2
stat -v
     StorageURL:
```

```
http://cluster2/v1/AUTH_33cdcad8-09fb-4940-90da-0f00cbf21c7c
    Auth Token: AUTH_tk816a1aaf403c49adb92ecfca2f88e430
    Account: AUTH_33cdcad8-09fb-4940-90da-0f00cbf21c7c
    Containers: 0
    Objects: 0
    Bytes: 0
```

然后，我们建立第一个容器 container1,并且让它把内容同步到我们下面要建立的第二个容器 container2。

```
$ swift -A http://cluster1/auth/v1.0 -U test:tester -K testing post \
   -t
'http://cluster2/v1/AUTH_33cdcad8-09fb-4940-90da-0f00cbf21c7c/
   container2' \
   -k 'secret' container1
```

在上面命令中的 -t 选项给出了将要同步到的 URL。该 URL 由集群 2 的 URL 和第二个容器名 container2 组成。-k 选项给出了容器同步的密钥：secret。

下面我们对第二个容器做相同的设置。

```
$ swift -A http://cluster2/auth/v1.0 -U test2:tester2 -K testing2
post \
   -t
'http://cluster1/v1/AUTH_208d1854-e475-4500-b315-81de645d060e/
container1' \
   -k 'secret' container2
```

这就完成了让容器 container1 和容器 container2 进行同步的设置。

现在让我们向第一个容器 container1 上传一些数据，然后观察这些数据是如何同步到第二个容器 container2 的。

```
 $ swift -A http://cluster1/auth/v1.0 -U test:tester -K testing
upload container1 .

   photo002.png
   photo004.png
   photo001.png
   photo003.png
 $ swift -A http://cluster2/auth/v1.0 -U test2:tester2 -K
testing2 list container2
```

刚开始，第二个容器 container2 里没有任何数据。再等待一会以后将会看到上传到第一个容器 container1 的数据都同步到了第二个容器 container2[①]。

```
$ swift -A http://cluster2/auth/v1.0 -U test2:tester2 -K
testing2 list container2
   photo001.png
   photo002.png
   photo003.png
   photo004.png
```

如果你希望多个容器进行同步，你可以设置一个容器同步链，比如说在 3 个容器的情况下：container1->container2，container2->container3，container3->container1。需要注意的是它们都需要使用同一个同步密钥。

8.4.3 容器同步的实现

Swift 的 ContainerSync 实现把一个容器内包含的对象的更改传送到另一个远程的容器。首先，通过扫描本地容器数据库检查元数据项 x-container-sync-to 和 x-container-sync-key 的值。前者指定了往哪里同步，后者是同步的密钥。如果这些元数据项存在，那么所有在上次同步后新增加的数据库的行都会触发对远程容器进行 PUT 或 DELETE 操作。

每个容器服务器上都运行一个 ContainerSync 进程。该进程与远程集群的代理服务器进行通信。所以，必须允许容器服务器起始和远程代理服务器的连接。

因为在 Swift 中每个容器都会有 3 个副本（默认值），如果不采取合理的措施，那么这 3 个副本可能都会试图做同样的容器同步操作。但是如果系统指定其中的一个来负责容器的同步操作，那么当这个容器所在的节点发生故障的时候，就可能会导致无法完成容器同步工作。所以，实际的容器同步实现要比上面说的更复杂一些。

在进行容器同步的时候，容器同步进程（ContainerSync）首先要搞清该容器的副本号是多少。在默认的 3 个副本配置下，一个容器的副本号会是 0、1 或者 2。根据副本号，容器同步进程就会计算出哪些行属于该容器副本进行同步，哪些行不属于。那么如何决定一个行应该由哪个容器副本来负责进行同步呢？这是通过对该行的对象名字的 MD5 哈希值进行取模来决定的。如果取模的结果等于 0，那么该行就由副本 0 负责同步；等于 1，就由副本 1 负责同步；等于 2，就由副本 2 负责同步。那么在哈希值均匀的情况下，每个副本就会各完成 $\frac{1}{3}$ 的同步。

上面的实现避免了多个副本对同一个行同时进行同步的问题。但是，当其中的一个副本所在的存储节点发生故障的时候，该副本所负责的那个 $\frac{1}{3}$ 的行就不会得到同步。为了避免这种情况发生，容器同步进程在每个副本各负责 $\frac{1}{3}$ 的行同步后，引进了第二轮容器同步。在第二轮同步中，每个容器副本不是要对 $\frac{1}{3}$ 的行进行同步，而是要对所有的行进行同步。这样，

---

① 在 SAIO 测试环境下，也许需要首先运行下面的命令来完成同步：'swift-init container-sync once'。

如果万一有因为某个容器副本出现故障，而在第一轮同步中没有得到同步的行，在第二轮同步中都会得到同步。

当远程容器接到对一个行进行同步请求的时候，会首先检查该行是不是已经得到了同步。这可以通过检查容器的对象数据库里的元数据和发送过来的对象的元数据进行比较来确定。对象数据库的模式如下。

```
CREATE TABLE object (
        ROWID INTEGER PRIMARY KEY AUTOINCREMENT,
        name TEXT,
        created_at TEXT,
        size INTEGER,
        content_type TEXT,
        etag TEXT,
        deleted INTEGER DEFAULT 0
    );
```

如果元数据值一致，那么远程容器就不需要做进一步的同步操作。因为存储节点出现故障的概率总是比较低，所以在第二轮同步中，绝大多数行的同步都简化为简单的元数据比较。

为了实现容器的两轮同步，每个容器数据库都记录了两个同步点：x_container_sync_point1、x_container_sync_point2。比同步点 1 代号大的行需要进行第一轮同步，每个容器副本负责其中$\frac{1}{3}$的行，而位于两个同步点中间的行就是需要进行第二轮同步的行。

下面我们通过一个例子来进一步说明。假定系统的副本数设置为 3，对象数据库的序号（ID）为 0~5。进一步假定，该容器是第一次执行容器同步工作，所以第一同步点和第二同步点的值为 SP1 = SP2 = −1。

```
SP1
SP2
 |
 v
-1 0 1 2 3 4 5
```

首先，容器同步进程检查位于 SP1 和 SP2 之间的行。因为是第一次同步，SP1 = SP2 = −1，所以，没有任何行需要进行第二轮同步。

然后，容器同步进程要找出序列号（ID）大于 SP1 的那些行，这些对象就是需要进行第一轮同步的行。然后再根据算法计算出其中的哪些行需要本容器进行同步。假定计算出来的值是 2 和 5，那么该容器就要发出对行 2 和 5 进行同步的请求。

同步结束后，容器同步进程把 SP1 的值改为刚才看见的最大的行号，在我们的例子中就是 5。

```
SP2          SP1
 |            |
 v            v
-1 0 1 2 3 4 5
```

但是当我们在进行上面容器同步的时候，用户这时候可能又上传了新的对象到该容器，从而在该容器的对象数据库中又添加了新的行。

```
    SP2          SP1
     |            |
     v            v
    -1 0 1 2 3 4 5 6 7 8 9 10 11
```

当容器同步进程进行下一次同步的时候，这次发现在 SP2 和 SP1 之间有 6 行。容器同步进程将会对所有这些列进行第二轮同步。如果这些同步都取得了成功，将会把 SP2 的值设置成和 SP1 相同。

如果在进行第二轮同步的时候出现了问题，容器同步进程将把 SP2 的值设置为同步失败的那个行，然后继续对后面小于 SP1 的行进行同步。这就保证了对于同步失败的对象，容器对象会不断对其进行同步，直到成功为止。

假定第二轮同步没有出现问题，SP2 就前进到 SP1。

```
             SP2
             SP1
              |
              v
   -1 0 1 2 3 4 5 6 7 8 9 10 11
```

然后，容器同步进程对大于 SP1 的那些行进行第一轮同步操作（和上面描述的第一次同步相同）。当同步结束后，SP1 将前移到最大的行号 11。

```
                 SP2          SP1
                  |            |
                  v            v
      -1 0 1 2 3 4 5 6 7 8 9 10    11
```

8.5 总结

本章我们介绍了 Swift 系统几个核心概念的实现原理和结构。首先我们讲解了 Swift 如何通过一致性哈希算法和虚节点来保证存储系统在增加或减少资源时能够保证系统的平稳性，不会因为资源的微量变化而带来系统数据的大量迁移或系统资源利用的不均衡。

其次，我们讲解了环的实现，使大家了解如何确定对象的存储节点，然后通过讲解存储节点的目录结构阐述了对象、账号数据库以及容器数据库在节点的存储路径。

最后，我们讲解了 Swift 提供的远程备份机制，以及远程容器的同步原理。

📖 习题

8.1 一致性 Hash 算法的主要目的是什么？

8.2 检测一致性 Hash 算法好坏的 4 个标准是什么？

8.3 Swift 使用一致性 Hash 算法主要想解决什么问题？

8.4 简述对象、虚节点、节点之间的映射关系并画图进行说明。

8.5 副本（Replica）的作用是什么？实现原理是什么？

8.6 “环”的数据结构是什么？请画图说明。

8.7 什么是区域（Zone）？它的主要作用是什么？

8.8 为什么要引进权重（Weight）？

8.9 描述对象存储路径的组成，并举例说明。

8.10 描述账号存储路径的组成，并举例说明。

8.11 描述容器存储路径的组成，并举例说明。

8.12 简述设置远程容器间同步的步骤。

实训

8.1 建立两个 Swift 集群：Swift1、Swift2，并设置集群 Swift1 的容器 Sample 和集群 Swift2 上的容器 SampleBackup 进行远程同步。在建立好远程同步关系之后，往容器 Sample 里上传对象，然后观察容器 SampleBackup 的对象变化情况。

PART 9

第 9 章 Swift 的单机搭建

主要内容：

- Swift 安装说明
- 安装环境准备
- 安装代理节点
- 安装存储节点
- 安装成功验证
- 常见问题说明

本章目标：

- 了解 Swift 安装流程、Swift 结构
- 了解安装 Swift 所需软硬件环境
- 掌握配置及更新操作系统相关命令
- 理解安装 Swift 所需依赖包
- 了解代理节点的主要任务
- 掌握安装代理节点的步骤
- 掌握安装存储节点的步骤
- 掌握验证安装是否成功的方法
- 了解常见的安装过程中出现的问题
- 能按照书本介绍完成 Swift 的安装

在本章中我们介绍如何在一台计算机上搭建 Swift 存储系统。主要的目的是希望大家通过搭建的过程进一步加深对 Swift 存储系统各方面的了解，从而理解前面章节所讲解的 Swift 的概念、架构、原理、特性和实现等。另外一个目的是希望大家能够掌握一些 Swift 系统搭建的知识，为以后从事系统管理和维护工作打下一个良好的基础。

9.1 安装说明

本教程采用二进制码方式安装。Swift 的安装流程如图 9.1 所示，安装的关键步骤包括以下几个。

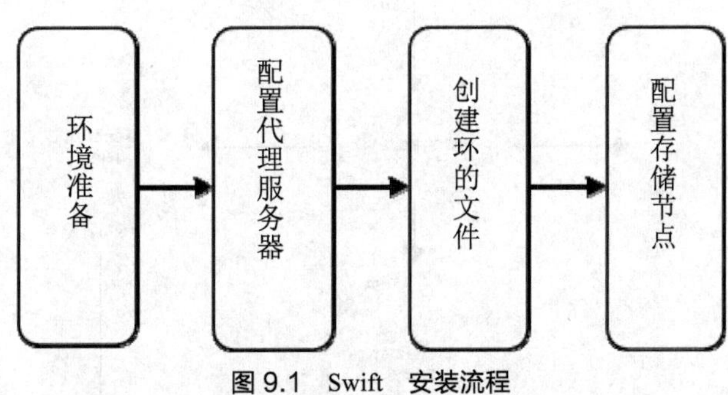

图 9.1 Swift 安装流程

① 配置代理服务器（proxy server），代理服务器负责把 Swift 的其他部分连接起来。对于每一个请求，代理服务器将在环（ring）中查找用户（account）、容器（container）或者对象名（object），相应地将请求路由到对应的服务器上。对代理服务器的配置主要有代理服务器的绑定地址和端口以及 Keystone 对应的地址和端口。

② 配置环的信息，环负责管理存储在磁盘上的一个实体的名字和这个实体所在物理位置之间的映射关系。因此要创建 3 个环的文件，分别对应 account、container 和 object。

③ 配置存储节点，主要步骤为格式化并挂载磁盘，分别配置 rsyncd.conf、account-server、container-server 和 obiect-server。Rsyncd 的作用是维持存储对象的一致性并进行数据更新操作。因此，rsyncd.conf 配置了存储节点所有 account、container 和 obiect 对应的信息。而 account-server、container-server 和 object.server 则分别配置了它们对应于环的端口。

④ 启动 rsyncd 以及 Swift 服务，即可使用云存储。

9.1.1 安装环境

本教程采用 Ubuntu12.04 64 位服务器版本操作系统进行安装讲解，但不局限于此操作系统。

本教程采用 Root 用户进行安装讲解，也可对非 root 用户赋予所有权限，使用非 root 用户进行安装。

9.1.2 单机版 Swift 结构

本教程在一台 Ubuntu 操作系统上完成所有服务的安装。具体结构及其作用如下。

代理服务：运行 swift-proxy-server 进程，集成认证服务，处理传入的 HTTP 请求，在环上查找位置，将请求发送给指定的用户、容器或者对象。

存储服务：存储真正的数据。

认证服务：对客户端发送的请求生成 token，客户端通过此 token 进行用户和文件的操作。本教程采用 Swift 自带的 tempauth 进行认证服务。

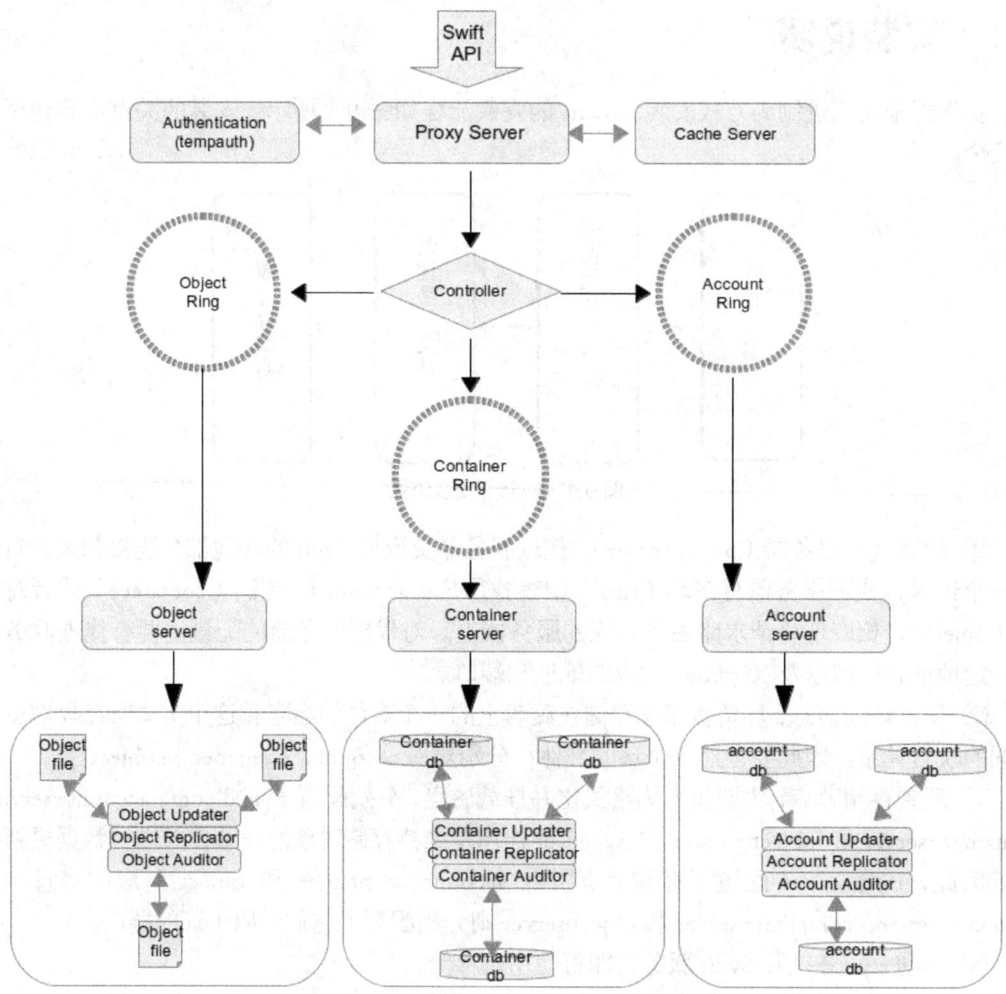

图 9.2　代理服务、存储服务与认证服务关系

9.2　环境准备

9.2.1　系统要求

1．硬件要求

本教程采用实验环境进行讲解，实验安装环境无特别硬件要求。若是商用生产环境，则需采用专业的商用服务器。

2．软件要求

本系统可运行在 Ubuntu、RHEL、CentOS、Fedora 等 Linux 操作系统上。建议使用服务器版本进行安装。

9.2.2　更新配置操作系统

1．配置 hosts 文件

安装好操作系统 Ubuntu12.04 之后，编辑/etc/hosts 文件，设置 ip 和主机的对应关系。使主机名可解析为 ip。

```
127.0.0.1      localhost
172.18.56.235  ubuntu
```

2. 配置网络

使用 root 用户，在已安装好的 Ubuntu12.04 操作系统上设置网络，ip 设置为静态 ip，如下所示。

```
    # This file describesthe network interfaces available on
your system
    # and how to activate them. For more information, see
interfaces(5).
    # The loopback network interface
    Auto lo
    Iface lo inet loopback
    Auto eth0
    Iface eth0 inet static
    Address 172.18.56.25
    Gateway 172.18.56.1
    Netmask 255.255.255.0
    Dns-nameservers 61.139.2.69
    ~
```

然后编辑 /etc/network/interfaces 文件，对地址（address）、网关（gateway）、子网掩码（netmask）、DNS 进行设置。

配置好后重启网络，执行命令/etc/init.d/networking restart，使配置生效。最后，通过 ping 外网 ip 或域名确定能连通外网。

3. 更新操作系统

更新操作系统直接在终端依次输入如下命令。

apt –get update

apt-get upgrade

4. 安装依赖包及其相关工具

在安装 Swift 系统之前，首先需要安装运行所需的一些依赖包，具体实现过程如下。依次在命令行执行下列命令。

```
apt-get install rsync  python-pip  python-dnspython
 python-mock
apt-get  install  openssh-server  vim
apt-get  install  curl
gcc  git-core  memcached  python-configobj
apt-get  install  python-coverage  python-dev python-nose
```

```
python-setuptools
apt-get install python-memcache
apt-get install python-simplejson python-xattr sqlite3 xfsprogs python-webob
apt-get install python-greenlet python-pastedeploy python-netifaces
apt-get install python-eventlet
```

如果有些工具在安装时出现问题，则应从相应的官网下载后进行手动安装。

9.3 安装代理（Proxy）节点

代理节点的主要任务是运行 swift-proxy-server 进程，集成认证服务，处理传入的 HTTP 请求，在环上查找相应的位置，并将请求发送给指定的账号、容器或者对象。

9.3.1 创建 Swift 目录

关于 Swift 系统的一些系统文件，比如配置文件都存储在 swift 目录下。创建 swift 目录的过程如下。

在命令行终端执行：mkdir -p /etc/swift。

改变目录所有者：chown -R root:root /etc/swift/。

注：第二个操作设定 swift 目录的所有者为 root。

9.3.2 创建 swift.conf 文件

在命令行执行以下命令后保存退出。

```
cat >/etc/swift/swift.conf <<EOF
[swift-hash]
# random unique string that can never change (DO NOT LOSE)
swift_hash_path_suffix = `od -t x8 -N 8 -A n </dev/random`
swift_hash_path_prefix = `od -t x8 -N 8 -A n </dev/random`
EOF
```

9.3.3 创建 Swift 服务

在命令行终端执行以下命令进行安装。

```
apt-get install swift-proxy
```

9.3.4 创建 SSL 自签名证书

切换到目录/etc/swift：cd /etc/swift。

在终端输入命令：openssl req -new -x509 -nodes -out cert.crt -keyout cert.key。

9.3.5 更改 memcached 监听地址

编辑文件：vim /etc/memcached.conf。

将-l 127.0.0.1 一行换成-l proxy 服务器的 ip 地址，此处我们换为-l 172.18.56.235。

重启 memcached 服务。

```
service memcached restart
```

9.3.6 创建代理节点配置文件

在/etc/swift 创建 proxy-server.conf 文件。

终端输入 vim /etc/swift/proxy-server.conf。

在文件中输入以下内容。

```
[DEFAULT]
cert_file = /etc/swift/cert.crt
key_file = /etc/swift/cert.key
bind_port = 8080
workers = 8
user = root
[pipeline:main]
pipeline = healthcheck cache tempauth proxy-server
[app:proxy-server]
use = egg:swift#proxy
allow_account_management = true
account_autocreate = true
[filter:tempauth]
use = egg:swift#tempauth
user_system_root=testpass.admin
https://127.0.0.1:8080/v1/AUTH_system
[filter:healthcheck]
use = egg:swift#healthcheck
```

```
memcache_servers = 172.18.56.235:11211 #此处配置为 memcached 的 ip
```

9.3.7 生成相关 ring 以及 builder 文件

1. Ring 的基本概念

在生成 Ring 以及相关文件之前，我们首先回顾一下 Ring 的基本概念。Ring 代表存储在硬盘上的实体（entity）名称和实际物理位置的映射。账号（account）、容器（container）以及对象（object）都有各自的 Ring。当 swift 的其他组件（比如 replication）需要对 account、container 或者 object 进行操作时，需要使用相应的 Ring 去确定各自在集群上的位置。

Ring 使用 zone、device、partition 和 replica 来维护这些映射（mapping）信息。Ring 中每个虚节点（partition）在集群中都（默认）有 3 个副本（replica）。

每个虚节点的位置由 ring 来维护，并存储在映射（mapping）中。当代理服务器（Proxy Server）转发的客户端请求失败时（多数情况下，失败源自存储或转移数据时目标 Server 无响应），ring 同样负责决定哪一个设备（device）将接手请求。

Ring 中的数据由分区（zone）保证各自隔离。每个虚节点的副本被放在不同的分区上。分区是一个逻辑概念，根据整个 Swift 集群的大小，一个分区可以是一个硬盘（disk drive）、一个服务器(server)、一个机架(cabinet)、一个交换机(switch),甚至是一个数据中心(data center)。

Swift 安装时，ring 的设备会均衡地划分每个虚节点。当虚节点需要移动时(例如，新设备被加入到集群)，ring 会确保一次移动最少数量的虚节点，并且一次只移动一个虚节点上的一个副本。

2. 创建 Ring 的命令

通过以下命令生成 ring。

```
swift-ring-builder <builder_file> create <part_power>
<replicas> <min_part_hours>
```

part_power：partition 的幂次方。这和真实的磁盘（disk drive）数目有关。实践中，partition 的数目设置成磁盘数的 100 倍会有比较好的命中率。比如，预计机群不会使用超过 5000 块磁盘，那么 partition 数即为 500000，那么 19(2^19=524288)为需要设置的 part_power 数。

replicas：副本的数目。主要是为了容灾。副本数默认为 3，副本数目越多，实际上用来存储的 partition 就会越少。同一个 partition 的不同 replica 被放置在不同的 zone 上。

min_part_hours：最小移动间隔。partition 会因为一些原因移动，实际是 partition 上的数据移动。为了避免网络拥塞，partition 不会频繁地移动。默认最小移动间隔为 1 小时。

3. 添加 Zone 的命令

通过以下命令给 ring 添加 zone。

```
swift-ring-builder <builder_file> add z<zone>-<ip>:
<port>/<device_name>_<meta> <weight>
```

zone-ip:port: zone 的名字、ip 以及 port。

device_name: Swift 的存储节点配置时挂载的逻辑磁盘名。一个存储节点可以有多个 device，根据 device_name 区分，比如 sdb1、sdb2、sdb3。

weight：用来均衡 drive 的 partition 在集群中的分布。比如当一个集群上有不同大小的 drive 时，weight 大的 device 会分到更多的 partition。weight 是相对比较而言的。比如 1TB 的磁盘 weight 为 1，那么 2TB 的磁盘 weight 应为 2。

4. 创建过程

首先把目录所有者修改为 root，执行如下命令。

```
chown -R root:root /etc/swift/*
```

然后切换目录，执行如下命令。

```
cd /etc/swift
```

执行下面的命令，分别生成对象（object）、容器（container）以及账号（account）ring 的 builder 文件。

```
swift-ring-builder object.builder create 9 3 1
swift-ring-builder container.builder create 9 3 1
swift-ring-builder account.builder create 9 3 1
```

这里的 9 表示 2 的 9 次方，确定了虚节点的个数（计算方法是：假定整个系统有 3 块硬盘，经验值硬盘数的 100 倍命中率比较高。最好的虚节点（partitions）数为 300，换算成 2 的 n 次方，因为 $2^8<300<2^9$，所以为 9）。

这里的 3 表示每个对象有 3 个副本（下面增加存储设备时，必须至少增加 3 个区域 zone）。

这里的 1 表示最少移动间隔为 1 小时，在该时间内不会移动存储块。

执行下面的命令，给每个 ring 添加 4 个域（Zone）。

```
swift-ring-builder object.builder add z1-127.0.0.1:6010/sdb1 1
swift-ring-builder object.builder add z2-127.0.0.1:6020/sdb2 1
swift-ring-builder object.builder add z3-127.0.0.1:6030/sdb3 1
swift-ring-builder object.builder add z4-127.0.0.1:6040/sdb4 1

swift-ring-builder container.builder add z1-127.0.0.1:6011/sdb1 1
swift-ring-builder container.builder add z2-127.0.0.1:6021/sdb2 1
swift-ring-builder container.builder add z3-127.0.0.1:6031/sdb3 1
swift-ring-builder container.builder add z4-127.0.0.1:6041/sdb4 1

swift-ring-builder account.builder add z1-127.0.0.1:6012/sdb1 1
swift-ring-builder account.builder add z2-127.0.0.1:6022/sdb2 1
swift-ring-builder account.builder add z3-127.0.0.1:6032/sdb3 1
swift-ring-builder account.builder add z4-127.0.0.1:6042/sdb4 1
```

这里最后的参数 1，代表的是每个 zone 的权重。因为每个 device 的容量大小一样，所以选择相同的权重。然后分别对对象、容器和账号的环进行平衡，执行如下命令。

```
swift-ring-builder object.builder rebalance
swift-ring-builder container.builder rebalance
swift-ring-builder account.builder rebalance
```

最后启动 proxy 服务，执行如下命令。

```
swift-init proxy start
```

9.4 安装存储节点

在该实训中，我们建立 4 个存储节点。本节将详细介绍如何实现 4 个存储节点的安装。

9.4.1 安装存储服务相关包

```
apt-get install swift-account swift-container swift-object xfsprogs
```

9.4.2 配置各个存储节点

1. 创建 account-server 配置文件

相对于 4 个存储节点，我们需要为每一个存储节点创建一个 account-server 配置文件。首先创建第一个存储节点的配置文件，保存退出。

在命令行输入:

```
vim /etc/swift/account-server/1.conf
```

在文件中输入以下内容。

```
[DEFAULT]
devices = /srv/1/node
mount_check = false
bind_port = 6012
bind_ip=0.0.0.0
user = root
log_facility = LOG_LOCAL2
[pipeline:main]
pipeline = account-server
[app:account-server]
use = egg:swift#account
[account-replicator]
vm_test_mode = yes
[account-auditor]
[account-reaper]
```

再创建第二个存储节点的配置文件，保存退出。

在命令行输入:

```
vim /etc/swift/account-server/2.conf
```

在文件中输入以下内容。（注意 devices 以及 bind_port 值的变化。）

```
[DEFAULT]
devices = /srv/2/node
mount_check = false
bind_port = 6022
bind_ip=0.0.0.0
user = root
log_facility = LOG_LOCAL2
[pipeline:main]
pipeline = account-server
[app:account-server]
use = egg:swift#account
[account-replicator]
```

```
vm_test_mode = yes
[account-auditor]
[account-reaper]
```

再创建第三个存储节点的配置文件，保存退出。

在命令行输入:

```
vim /etc/swift/account-server/3.conf
```

在文件中输入以下内容。(注意 devices 以及 bind_port 值的变化。)

```
[DEFAULT]
devices = /srv/3/node
mount_check = false
bind_port = 6032
bind_ip=0.0.0.0
user = root
log_facility = LOG_LOCAL2
[pipeline:main]
pipeline = account-server
[app:account-server]
use = egg:swift#account
[account-replicator]
vm_test_mode = yes
[account-auditor]
[account-reaper]
```

最后，创建第四个存储节点的配置文件，保存退出。

在命令行输入:

```
vim /etc/swift/account-server/4.conf
```

在文件中输入以下内容。(注意 devices 以及 bind_port 值的变化。)

```
[DEFAULT]
devices = /srv/4/node
mount_check = false
bind_port = 6042
bind_ip=0.0.0.0
user = root
log_facility = LOG_LOCAL2
[pipeline:main]
pipeline = account-server
[app:account-server]
use = egg:swift#account
[account-replicator]
```

```
vm_test_mode = yes
[account-auditor]
[account-reaper]
```

2. 创建 container-server 配置文件

对于 4 个存储节点，我们也需要为每一个存储节点创建一个 container-server 配置文件。首先创建第一个存储节点的配置文件，保存退出。

在命令行输入:

```
vim /etc/swift/container-server/1.conf
```

在文件中输入以下内容。

```
[DEFAULT]
devices = /srv/1/node
mount_check = false
bind_port = 6011
bind_ip=0.0.0.0
user = root
log_facility = LOG_LOCAL2
[pipeline:main]
pipeline = container-server
[app:container-server]
use = egg:swift#container
[account-replicator]
vm_test_mode = yes
[container-updater]
[container-auditor]
[container-sync]
```

然后，创建第二个存储节点的配置文件，保存退出。

在命令行输入:

```
vim /etc/swift/container-server/2.conf
```

在文件中输入以下内容。（注意 devices 以及 bind_port 值的变化。）

```
[DEFAULT]
devices = /srv/2/node
mount_check = false
bind_port = 6021
bind_ip=0.0.0.0
user = root
log_facility = LOG_LOCAL2
[pipeline:main]
pipeline = container-server
```

```
[app:container-server]
use = egg:swift#container
[account-replicator]
vm_test_mode = yes
[container-updater]
[container-auditor]
[container-sync]
```

再创建第三个存储节点的配置文件，保存退出。

在命令行输入：

```
vim /etc/swift/container-server/3.conf
```

在文件中输入以下内容。（注意 devices 以及 bind_port 值的变化。）

```
[DEFAULT]
devices = /srv/3/node
mount_check = false
bind_port = 6031
bind_ip=0.0.0.0
user = root
log_facility = LOG_LOCAL2
[pipeline:main]
pipeline = container-server
[app:container-server]
use = egg:swift#container
[account-replicator]
vm_test_mode = yes
[container-updater]
[container-auditor]
[container-sync]
```

最后创建第四个存储节点的配置文件，保存退出。

在命令行输入：

```
vim /etc/swift/container-server/4.conf
```

在文件中输入以下内容。（注意 devices 以及 bind_port 值的变化。）

```
[DEFAULT]
devices = /srv/4/node
mount_check = false
bind_port = 6041
bind_ip=0.0.0.0
user = root
log_facility = LOG_LOCAL2
```

```
[pipeline:main]
pipeline = container-server
[app:container-server]
use = egg:swift#container
[account-replicator]
vm_test_mode = yes
[container-updater]
[container-auditor]
[container-sync]
```

3. **创建 object-server 配置文件**

同样的，对于 4 个存储节点，我们也需要为每一个存储节点，创建一个 object-server 配置文件。首先创建第一个存储节点的配置文件，保存退出。

在命令行输入：

```
vim /etc/swift/object-server/1.conf
```

在文件中输入以下内容。

```
[DEFAULT]
devices = /srv/1/node
mount_check = false
bind_port = 6010
bind_ip=0.0.0.0
user = root
log_facility = LOG_LOCAL2
[pipeline:main]
pipeline = object-server
[app:object-server]
use = egg:swift#object
[account-replicator]
vm_test_mode = yes
[object-replicator]
vm_test_mode = yes
[object-updater]
[object-auditor]
```

然后，创建第二个存储节点的配置文件，保存退出。

在命令行输入：

```
vim /etc/swift/object-server/2.conf
```

在文件中输入以下内容。

```
[DEFAULT]
devices = /srv/2/node
mount_check = false
```

```
bind_port = 6020
bind_ip=0.0.0.0
user = root
log_facility = LOG_LOCAL2
[pipeline:main]
pipeline = object-server
[app:object-server]
use = egg:swift#object
[account-replicator]
vm_test_mode = yes
[object-replicator]
vm_test_mode = yes
[object-updater]
[object-auditor]
```

再创建第三个存储节点的配置文件，保存退出。

在命令行输入:

```
vim /etc/swift/object-server/3.conf
```

在文件中输入以下内容。

```
[DEFAULT]
devices = /srv/3/node
mount_check = false
bind_port = 6030
bind_ip=0.0.0.0
user = root
log_facility = LOG_LOCAL2
[pipeline:main]
pipeline = object-server
[app:object-server]
use = egg:swift#object
[account-replicator]
vm_test_mode = yes
[object-replicator]
vm_test_mode = yes
[object-updater]
[object-auditor]
```

最后，创建第四个存储节点的配置文件，保存退出。

在命令行输入:

```
vim /etc/swift/object-server/4.conf
```

在文件中输入以下内容。

```
[DEFAULT]
devices = /srv/4/node
mount_check = false
bind_port = 6040
bind_ip=0.0.0.0
user = root
log_facility = LOG_LOCAL2
[pipeline:main]
pipeline = object-server
[app:object-server]
use = egg:swift#object
[account-replicator]
vm_test_mode = yes
[object-replicator]
vm_test_mode = yes
[object-updater]
[object-auditor]
```

9.4.3 更改 rsyncd.conf 文件

若该文件不存在，需自行创建，则输入命令：

```
vim /etc/rsyncd.conf
```

赋予 rsyncd.conf 文件权限。

```
chmod a+w /etc/rsyncd.conf
```

在文件中输入以下内容。

```
uid = root
gid = root
log file = /var/log/rsyncd.log
pid file = /var/run/rsyncd.pid
address = 127.0.0.1

[account6012]
max connections = 25
path = /srv/1/node/
read only = false
lock file = /var/lock/account6012.lock

[account6022]
max connections = 25
path = /srv/2/node/
read only = false
```

```
lock file = /var/lock/account6022.lock

[account6032]
max connections = 25
path = /srv/3/node/
read only = false
lock file = /var/lock/account6032.lock

[account6042]
max connections = 25
path = /srv/4/node/
read only = false
lock file = /var/lock/account6042.lock

[container6011]
max connections = 25
path = /srv/1/node/
read only = false
lock file = /var/lock/container6011.lock

[container6021]
max connections = 25
path = /srv/2/node/
read only = false
lock file = /var/lock/container6021.lock

[container6031]
max connections = 25
path = /srv/3/node/
read only = false
lock file = /var/lock/container6031.lock

[container6041]
max connections = 25
path = /srv/4/node/
read only = false
lock file = /var/lock/container6041.lock

[object6010]
max connections = 25
path = /srv/1/node/
read only = false
lock file = /var/lock/object6010.lock
```

```
[object6020]
max connections = 25
path = /srv/2/node/
read only = false
lock file = /var/lock/object6020.lock

[object6030]
max connections = 25
path = /srv/3/node/
read only = false
lock file = /var/lock/object6030.lock

[object6040]
max connections = 25
path = /srv/4/node/
read only = false
lock file = /var/lock/object6040.lock
```

9.4.4 设置 rsyncd 文件

编辑/etc/default/rsync，将 RSYNC_ENABLE 设置为 true，重启服务。

```
sudo servicersync restart
```

9.4.5 建立存储点

如果系统中没有单独未使用的分区，则可以创建一个回环设备来做存储点。

执行命令：

```
mkdir /srv
ddif=/dev/zeroof=/srv/swift-diskbs=1024count=0seek=1000000
```

这个命令在/srv/下创建一个名为 swift-disk 的存储区，可以通过改变 seek 的大小来改变 swift-disk 存储区的大小。

```
mkfs.xfs -I size=1024 /srv/swift-disk        #格式化存储区为 xfs 文件系统
chmod a+w /etc/fstab                          #赋予文件 fstab 写权限
echo "/srv/swift-disk /mnt/sdb1 xfs loop, noatime, nodiratime, \
nobarrier, logbufs=8 0 0" >> /etc/fstab       #系统启动时自动挂载存储点
mkdir /mnt/sdb1                               #在/mnt 下创建 sdb1 挂载目录
mount /mnt/sdb1                               #挂载
mkdir /mnt/sdb1/1 /mnt/sdb1/2 /mnt/sdb1/3 /mnt/sdb1/4     #创建相关目录
chown root:root /mnt/sdb1/*                   #修改所有者
for x in {1..4}; do ln -s /mnt/sdb1/$x /srv/$x; done      #创建连接
mkdir -p /etc/swift/object-server
mkdir -p /etc/swift/container-server
```

```
mkdir -p  /etc/swift/account-server
mkdir -p  /srv/1/node/sdb1
mkdir -p  /srv/2/node/sdb2
mkdir -p  /srv/3/node/sdb3
mkdir -p  /srv/4/node/sdb4
mkdir -p  /var/run/swift                                     #创建相关目录
chown -R  root:root  /etc/swift /srv/[1-4]/ /var/run/swift  #修改所有者
```

在/etc/rc.local 的 exit 0 之前加入下列 3 行。

```
mkdir /var/run/swift
chown root:root  /var/run/swift
chmod a+w  /var/run/swift
```

执行命令：

```
swift-init all start
```

9.5 安装成功验证

9.5.1 检测 Swift 运行状态

执行命令：

```
swift  -A  http://127.0.0.1:8080/auth/v1.0  -U  system:root  -K
testpass stat -v
```

如果运行成功则会返回类似如下的信息。

```
StorageURL:http://127.0.0.1:8080/v1/AUTH_3f7fb037-57b6-
4771-831a-8fd811bcc3c7
AuthToken: AUTH_tkf5b6840d9ce64d7298a800505a2ed857
Account:AUTH_3f7fb037-57b6-4771-831a-8fd811bcc3c7
Containers:0
Objects:0
Bytes:0
Accept-Ranges:bytes
X-Trans-Id:txdb39ed113c1c49299ebb364a4246a3a9
```

注意：返回的具体的值是根据具体情况而定的，并不是每个系统返回的都是一样的。假如出现了错误，你可以在/var/log/swift/目录下查询到相应的信息。

9.5.2 上传和列出文件

将/etc/swift/proxy-server.conf 文件上传到 wenna 容器中。

```
swift -A http://127.0.0.1:8080/auth/v1.0 -U system:root -K
testpass upload \
wenna  /etc/swift/proxy-server.conf
```

列出 wenna 容器中的文件。

```
swift -A http://127.0.0.1:8080/auth/v1.0 -U system:root -K
testpass list wenna
```

9.5.3 下载文件

将 wenna 容器下的所有文件下载到本地。

```
swift -A http://127.0.0.1:8080/auth/v1.0 -U system:root -K
testpass download wenna
```

注意：如果上传文件的时候有嵌套目录，则上传到 swift 后也是以嵌套目录的形式存在的，即下载后，会在当前目录创建一样的嵌套目录。

9.6 常见问题说明

问题 1. 执行命令

```
curl -k -v -H 'X-Storage-User: system:root' -H 'X-Storage-Pass:
testpass' \
 https://127.0.0.1:8080/auth/v1.0
```

若出现 400 错误，说明 Ring 有问题，请检查 swift.conf 等配置文件是否正确。

问题 2. 出现 mount: wrong fs type，bad option，bad superblock

在终端下输入 apt−get install nfs−common 解决问题。

问题 3. 运行 swift 命令报 503 错误

/srv/node/sdb 权限可能有问题，请检查该文件夹的权限。

问题 4. ImportError: No module named swiftclient

请安装缺失的应用包。

```
apt-get install python-pip
pip install python-swiftclient
```

习题

9.1 描述 Swift 安装流程的 4 个关键步骤。

9.2 在创建 Ring 的时候，需要给出参数 part_power，也就是虚节点（partition）的幂次方。这和真实的磁盘（disk drive）数目有关。请问，在实践中，如果预计机群不会使用超过 5000 块磁盘，那么需要设置的 part_power 数应该为多少，会使 Ring 进行对象到虚节点转换时的命中率比较高?

9.3 假如你要搭建的 Swift 集群中的磁盘大小分别由 4 种：0.5TB、1TB、2TB、3TB。请问你将如何设置这些种类磁盘的权重（Weight）?

实训

9.1 按照本章介绍完成 Swift 的安装，并验证成功与否。

PART 10

第 10 章 Swift 的多机搭建

主要内容：

- 基本结构和术语
- 安装环境准备
- 安装代理节点
- 安装存储节点
- 安装验证
- 常见问题

本章目标：

- 了解 Swift 系统基本术语
- 掌握 Swift 集群搭建的环境要求
- 掌握创建 Swift 用户及工作目录的方法
- 掌握安装代理节点的方法、作用
- 掌握安装存储节点的方法、作用
- 了解安装过程中的常见问题

在上一章中我们介绍了如何在一台计算机上搭建 Swift 存储系统。主要的目的是希望大家通过搭建的过程进一步加深对 Swift 存储系统各方面的了解，从而理解前面章节所讲解的 Swift 的概念、架构、原理、特性和实现等。本章将介绍如何搭建一个基于多台存储器的能够真正用于实际生产环境下的 Swift 集群，为大家以后从事云存储服务系统管理和维护工作打下一个良好的基础。

10.1 基本结构和术语

本教程采用 Ubuntu12.04 64 位服务器版本操作系统进行安装讲解，但不局限于此操作系统。本教程采用 Root 用户进行安装讲解，也可对非 root 用户赋予所有权限，使用非 root 用户进行安装。

先简单总结一下 Swift 系统的一些基本术语。

- 节点（Node）：提供一种或多种 Swift 服务的主机。
- 代理节点（Proxy Node）：提供 Proxy 服务的节点，同时也提供 TempAuth 服务。
- 存储节点（Storage Node）：提供对账号（Account）、容器（Container）以及对象（Object）的服务。
- 环（Ring）：提供 Swift 数据和物理设备之间的一系列映射的数据结构。

本节介绍如何搭建一个按以下节点组成的集群。

（1）1 个代理节点

- 运行 swift-proxy-server 进程，负责转送来自客户端的服务请求到合适的存储节点。
- 提供 WSGI 中间件形式的 TempAuth 服务。

（2）3 个存储节点

- 运行 swift-account-server、swift-contianer-server 以及 swift-object-server 进程，提供管理 account、container 数据和实际存储的对象。

（3）1 个认证节点

- 运行 OpenStack 的 Keystone 身份验证服务。

每个存储节点都安排在环中不同的分区（Zone）里。我们设置 3 个分区，每个存储节点形成一个分区。一般来讲，每个分区应该有各自隔离的服务器、网络、电源，甚至是地理位置。环维护着每个副本（Replica）存储在不同的分区上。

我们将要搭建集群的每个节点的具体信息如下。

```
Linux 系统版本：        Ubuntu Server 12.04 64-bit oneiric
Proxy Server IP：      192.168.112.129
Storage Server 1:      192.168.112.130
Storage Server 2:      192.168.112.131
Storage Server 3:      192.168.112.132
Keystone Server IP：   192.168.112.133
官方文档：              www.openstack.org
参考文档：              http://swift.openstack.org/howto_installmultinode.html
Swift 版本：            1.4.8
Keystone 版本：         2012.2
```

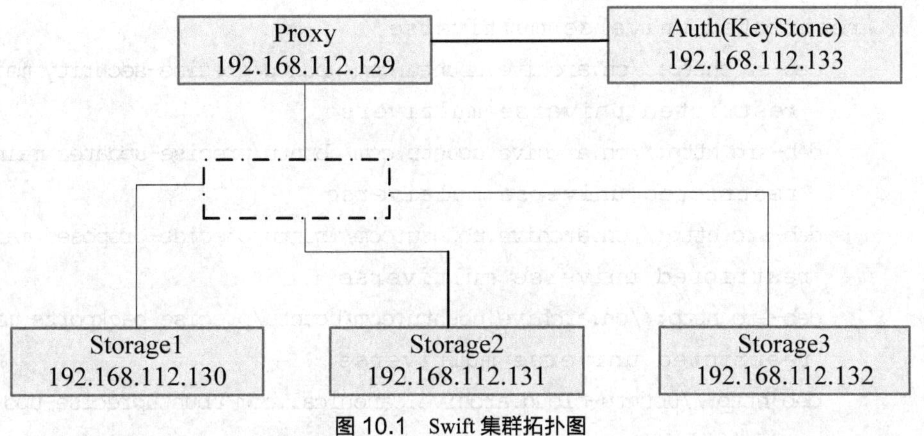

图 10.1 Swift 集群拓扑图

10.2 安装环境准备

在进行安装以前，首先需要对每台服务器做一些准备工作。我们的安装介绍不包含 Keystone 认证服务。

10.2.1 操作系统配置

在所有节点都安装 Ubuntu Server 10.04LTS，并安装下面的软件包。

```
apt-get install python-software-properties
add-apt-repository ppa:swift-core/ppa
apt-get update
apt-get install swift openssh-server
```

10.2.2 添加下载源

在每台服务器的软件包下载源设置文件里添加所需要的站点。在命令窗口里输入：vim /etc/apt/sources.list,然后添加下面的内容到文件中。

```
deb http://cn.archive.ubuntu.com/ubuntu/ precise main restricted universe multiverse
deb http://cn.archive.ubuntu.com/ubuntu/ precise-security main restricted universe multiverse
deb http://cn.archive.ubuntu.com/ubuntu/ precise-updates main restricted universe multiverse
deb http://cn.archive.ubuntu.com/ubuntu/ precise-proposed main restricted universe multiverse
deb http://cn.archive.ubuntu.com/ubuntu/precise-backports main restricted universe multiverse
deb-src http://cn.archive.ubuntu.com/ubuntu/ precise main
```

```
restricted universe multiverse
   deb-sr chttp://cn.archive.ubuntu.com/ubuntu/precise-security main
     restricted universe multiverse
   deb-src http://cn.archive.ubuntu.com/ubuntu/precise-updates main
     restricted universe multiverse
   deb-src http://cn.archive.ubuntu.com/ubuntu/precise-proposed main
    restricted universe multiverse
   deb-src http://cn.archive.ubuntu.com/ubuntu/precise-backports main
    restricted universe multiverse
   deb http://ubuntu-cloud.archive.canonical.com/ubuntuprecise-upd
    ates/folsom main
   deb http://ubuntu-cloud.archive.canonical.com/ubuntuprecise-proposed/
    fols om main
```

在修改并保存了上述文件后，再在命令行窗口里输入下面的命令对服务器的软件包进行更新。

```
apt-get update
apt-get upgrade
```

如果在更新软件包的过程中出现异常，很有可能是因为 deb 包的密钥认证出现了问题,可以通过执行下面的命令行解决。

```
apt-get install ubuntu-cloud-keyring
sudo apt-key adv --keyserver keyserver.ubuntu.com --recv-keys
16126D3A3E5C1192
```

10.2.3 创建 Swift 用户

为了安装和运行 Swift，首先需要在每台服务器上创建一个 swift 账号，并设置其密码（在例题中设置为 swift）。

```
sudo useradd -mk /home/swift/ -s /bin/bash swift
sudo passwd swift
```

然后需要给予 swift 用户账号管理员权限。使用 vim 编辑/etc/sudoer 文件，在文件末尾添加如下代码：`swift ALL=(ALL) NOPASSWD:ALL`。

由于 dudoer 文件是只读的，请强制保存（如 w!）或去除只读属性再保存。

10.2.4 创建 Swift 的工作目录

下面的操作都是在新创建的 swift 用户账号下进行的。

在所有节点上创建下面的目录。

```
mkdir -p /etc/swift
chown -R swift:swift /etc/swift/
```

在第一个节点，创建/etc/swift/swift.conf。

```
cat >/etc/swift/swift.conf <<EOF
[swift-hash]
# random unique string that can never change (DO NOT LOSE)
swift_hash_path_suffix = ~od -t x8 -N 8 -A n </dev/random~
swift_hash_path_prefix = ~od -t x8 -N 8 -A n </dev/random~
EOF
```

在后续节点上，把上一步创建的 swift.conf 文件复制到相应的目录，这个文件在所有的节点上都必须相同。

```
scp 192.168.112.129:/etc/swift/swift.conf /etc/swift/
```

10.3 安装代理节点

代理节点负责转送来自客户端的服务请求到合适的存储节点，并可以提供 TempAuth 身份认证服务。我们首先介绍如何安装和配置代理节点。

10.3.1 安装代理节点 Proxy

在 Proxy 机器中安装下列模块。

```
apt-get install swift-proxy python-swiftclient memcached
python-keystone
```

其中，swift 是 Swift 的核心模块，是所有节点都需要安装的，swift-proxy 是代理节点模块。代理节点需要 python-keystone 使用 Keystone 身份验证服务。Python-swiftclient 是 Swift 的命令行工具，如果你不需要在代理节点管理 Swift 集群的话，这个模块可以不安装。Memecached 是缓存服务器，用来提供缓存服务提高对用户请求的响应速度。

10.3.2 创建工作目录

使用在前面创建 swift 账号创建工作目录。

```
mkdir -p /etc/swift
chown -R swift:swift /etc/swift/
```

10.3.3 配置 memched 监听默认端口

配置 memcached 的监听默认端口，改为内部的、非公用的 IP 网络地址。编辑/etc/memcached.conf，并做配置。

```
perl-pi-e"s/-l127.0.0.1/-l192.168.112.129/"/etc/memcached.
```

```
conf
service memcached restart
```

将-l 127.0.0.1 一行换成代理服务器的 ip 地址，此处我们换为-l 192.168.112.129。然后，重启 memcached 服务。

10.3.4 创建 swift.conf 文件

在命令行终端执行 vim /etc/swift/swift.conf，输入以下命令后保存退出。

```
[swift-hash]
# random unique strings that can never change (DO NOT LOSE)
swift_hash_path_prefix = ~od -t x8 -N 8 -A n </dev/random~
swift_hash_path_suffix = ~od -t x8 -N 8 -A n </dev/random~
```

10.3.5 创建 SSL 自签名证书

切换到目录/etc/swift：cd /etc/swift。
在终端输入命令。

```
openssl req -new -x509 -nodes -out cert.crt -keyout cert.key
```

10.3.6 创建代理节点配置文件

在/etc/swift 创建 proxy-server.conf 文件。
在终端输入：vim /etc/swift/proxy-server.conf。
在文件中输入以下内容。

```
[DEFAULT]
cert_file = /etc/swift/cert.crt
key_file = /etc/swift/cert.key
bind_port = 8080
workers = 8
user = swift
swift_dir = /etc/swift
[pipeline:main]
pipeline = catch_errors healthcheck cache authtoken keystone
proxy-server
[app:proxy-server]
use = egg:swift#proxy
allow_account_management = true
account_autocreate = true
[filter:keystone]
paste.filter_factory=keystone.middleware.swift_auth:filter
_factory
```

```
operator_roles = admin, swiftoperator
[filter:authtoken]
paste.filter_factory=keystone.middleware.auth_token:filter
_factory
# Delaying the auth decision is required to support token-less
# usage for anonymous referrers ('.r:*').
signing_dir = /etc/swift
delay_auth_decision = 10
auth_protocol = http
auth_host = 192.168.112.133
auth_port = 35357
auth_token = admin
service_protocol = http
service_host = 192.168.112.133
service_port = 5000
admin_token = ADMIN
admin_tenant_name = service
admin_user = swift
admin_password = 87827270
auth_uri = http:// 192.168.112.133:5000/
[filter:cache]
use = egg:swift#memcache
memcache_servers = 192.168.112.129:11211
set log_name = cache
[filter:catch_errors]
use = egg:swift#catch_errors
[filter:healthcheck]
use = egg:swift#healthcheck
```

10.3.7 构建创建 ring 的 builder 文件

通过以下命令生成 ring。

```
swift-ring-builder <builder_file> create <part_power>
<replicas> <min_part_hours>
```

其中：

- part_power： partition 的幂次方。和真实的磁盘(disk drive)数目有关。
- replicas：副本的数目。主要是为了容灾，默认值为 3。同一个 partition 的不同 replica 被放置在不同的 zone 上。
- min_part_hours：partition 移动的最小间隔。为了避免网络拥塞，partition 不会频繁的移动。默认最小移动间隔为 1 小时。

Swift 一共有 3 个环，分别对应于 account、container 和 object。下面的 3 条命令分别创建了这 3 个环。

```
cd /etc/swift
swift-ring-builder object.builder create 9 3 1
swift-ring-builder container.builder create 9 3 1
swift-ring-builder account.builder create 9 3 1
```

10.3.8 添加 Zone 的命令

通过以下命令给 ring 添加 zone。

```
swift-ring-builder <builder_file> add z<zone>-<ip>: <port>/
<device _name>_<meta> <weight>
```

- zone−ip:port: zone 的名字、ip 以及 port。
- device_name: Swift 的存储节点配置时挂载的逻辑磁盘名。一个存储节点可以有多个 device，根据 device_name 区分，比如 sdb1、sdb2、sdb3。
- weight：用来均衡 drive 的 partition 在集群中的分布。比如当一个集群上有不同大小的 drive 时，weight 大的 device 会分到更多的 partition。weight 是相对比较而言的。比如 1TB 的磁盘 weight 为 1，那么 2TB 的磁盘 weight 应为 2。

执行下面的命令，给每个 ring 添加 3 个域（Zone）。

```
swift-ring-builder object.builder add z1-192.168.112.130:
6000/sdb1 1
swift-ring-builder object.builder add z2-192.168.112.131:
6000/sdb1 1
swift-ring-builder object.builder add z3-192.168.112.132:
6000/sdb1 1
swift-ring-builder container.builder add z1-192.168.112.130:
6001/sdb1 1
swift-ring-builder container.builder add z2-192.168.112.131:
6001/sdb1 1
swift-ring-builder container.builder add z3-192.168.112.132:
6001/sdb1 1
swift-ring-builder account.builder add z1-192.168.112.130:
6002/sdb1 1
swift-ring-builder account.builder add z2-192.168.112.131:
6002/sdb1 1
swift-ring-builder account.builder add z3-192.168.112.132:
6002/sdb1 1
```

这里的最后参数 1，代表的是每个 zone 的权重。因为每个 device 的容量大小一样，所以选择相同的权重。

10.3.9 启动代理服务

在创建完环之后，我们首先确认环的内容是否正确。

```
swift-ring-builder account.builder
swift-ring-builder container.builder
swift-ring-builder object.builder
```

如果没有问题，就分别对对象、容器和账号的环进行平衡，执行如下命令。

```
swift-ring-builder object.builder rebalance
swift-ring-builder container.builder rebalance
swift-ring-builder account.builder rebalance
```

最后启动 proxy 服务，执行命令：`swift-init proxy start`。

需要提醒的是代理服务必须在存储节点启动后，才能启动。

10.4 安装存储节点

在我们的实训中，我们建立 3 个存储节点。因为 3 个存储节点的安装和配置基本一致，所以我们以其中的一个节点为例讲解存储节点的安装。

10.4.1 安装存储服务相关包

首先安装下面的与存储节点服务相关的软件包。

```
apt-get install swift swift-account swift-container swift-object
xfsprogs
```

swift 是 Swift 的核心模块。swift-account、swift-container 和 swift-object 分别实现对账号、容器以及对象的管理。Xfsprogs 是一个 XFS 文件系统的管理和查错包。

10.4.2 存储点的设置

存储节点上需要设置用来存储数据的存储点或者磁盘分区。存储点的设置根据情况分两种来进行。

1. 设置现有磁盘分区

假设你的系统里有一个单独分区，使用此分区来做存储点，在这里假设系统中有/dev/sdb1（注：这里根据你自己系统的情况而定）这个分区未被使用，我们用它来做存储点。

```
mkdir -p /srv/node/sdb1
mkfs.xfs -i size=1024 /dev/sdb1          #以xfs方式格式化分区
chmod a+w /etc/fstab
echo "/dev/sdb1 /srv/node/sdb1 xfs noatime, nodiratime ,
nobarrier,logbufs=8 0 0" >> /etc/fstab
```

这条命令把分区添加到系统启动时自动挂载，这里的 sdb1 是一定不能改的，因为在做 Proxy 节点生成相应的 ring 文件时使用了 sdb1,假如需要更改则一定也要修改生成环的 builder 文件。

现在首先手动挂载分区，并设置相应的权限。

```
mount /srv/node/sdb1
chown -R swift:swift /srv/node/sdb1
chmod a+w -R /srv/node/sdb1
```

2. 创建并设置新磁盘分区

如果系统里没有单独的分区来做存储点，则需要创建一个临时分区来做存储点。

```
mkdir -p /srv/node/sdb1
dd if=/dev/zero of=/srv/swift-diskbs=1024 count=0 seek=1000000
```

这条命令是在/srv/下创建一个名为 swift-disk 的存储区，你可以通过改变 seek 的大小来改变 swift-disk 的大小。这里设置的大小为 1GB。

```
mkfs.xfs -i size=1024 /srv/swift-disk
chmod a+w /etc/fstab
echo "/srv/swift-disk /srv/node/sdb1 xfs loop, noatime, nodiratime, nobarrier, logbufs=8 0 0" >> /etc/fstab
```

最后执行挂载并修改相应权限设置。

```
mount /srv/node/sdb1
chown -R swift:swift /srv/node/sdb1
chmod a+w -R /srv/node/sdb1
chmod a+w /srv/swift-disk
```

10.4.3 创建 Swift 工作目录

```
mkdir -p /etc/swift
chown -R swift:swift /etc/swift/
```

10.4.4 复制配置文件

在搭建代理节点的时候，已经创建了 Swift 的配置文件。现在可以从代理节点中把相应的配置文件复制过来，而不需要重新设置。

```
scp 192.168.112.129:/etc/swift/swift.conf /etc/swift/
scp 192.168.112.129:/etc/swift/object.ring.gz /etc/swift/
scp 192.168.112.129:/etc/swift/container.ring.gz /etc/swift/
scp 192.168.112.129:/etc/swift/account.ring.gz /etc/swift/
```

10.4.5 创建/etc/rsyncd.conf

rsync 是一个快速增量文件传输工具，它可以用于在同一主机备份内部的备份，还可以把它作为不同主机网络备份工具之用。rsyncd.conf 文件是 rsync 服务器的主要配置文件，保存路径自行设定，一般放在 etc 目录下，内容分为全局定义和模块定义。

```
uid = swift
gid = swift
log file = /var/log/rsyncd.log
pid file = /var/run/rsyncd.pid
address = 192.168.112.130  #指定本机的ip地址，注意每台存储节点ip不同
[account]    #模块名称，即同步或备份的目录，客户端用这个关键字连接
max connections = 2                    #最大连接数
path = /srv/node/                          #指定文件目录所在位置
read only = false                          #允许客户端上传文件到服务器端
lock file = /var/lock/account.lock
[container]
max connections = 2
path = /srv/node/
read only = false
lock file = /var/lock/container.lock
[object]
max connections = 2
path = /srv/node/
read only = false
lock file = /var/lock/object.lock
```

10.4.6 修改/etc/default/rsync

修改/etc/default/rsync 中的 RSYNC_ENABLE 的属性为 true，并启动 rsync 服务。

```
perl -pi -e 's/RSYNC_ENABLE=false/RSYNC_ENABLE=true/' /etc/
default/rsync
service rsync start
```

10.4.7 创建配置文件

对 account-server、container-server 和 object-server 都需要设置配置文件来保证其正常工作。

1. 创建 account-server 配置文件

对于 3 个存储节点，我们需要为每一个存储节点创建一个 account-server 配置文件，然后保存退出。命令如下。

在命令行输入：vim /etc/swift/account-server.conf。

在文件中输入以下内容。

```
[DEFAULT]
device = /srv/node
mount_check=false
bind_port = 6002
user = swift
log_facility = LOG_LOCAL2
bind_ip = 0.0.0.0
workers = 2
[pipeline:main]
pipeline = account-server
[app:account-server]
use = egg:swift#account
[account-replicator]
[account-auditor]
[account-reaper]
```

2. 创建 container-server 配置文件

对于 3 个存储节点，我们也需要为每一个存储节点创建一个 container-server 配置文件，然后保存退出。

在命令行输入：vim /etc/swift/container-server.conf。

在文件中输入以下内容。

```
[DEFAULT]
devices = /srv/node
mount_check = false
bind_port = 6001
user = swift
log_facility = LOG_LOCAL3
bind_ip = 0.0.0.0
workers = 2
[pipeline:main]
pipeline = container-server
[app:container-server]
use = egg:swift#container
[container-replicator]
[container-updater]
[container-auditor]
```

3. 创建 object-server 配置文件

同样地，对于 3 个存储节点，我们也需要为每一个存储节点创建一个 object-server 配置文件，然后保存退出。

在命令行输入：vim /etc/swift/object-server.conf。

在文件中输入以下内容。

```
[DEFAULT]
devices = /srv/node
mount_check = false
bind_port = 6000
user = swift
log_facility = LOG_LOCAL4
bind_ip = 0.0.0.0
workers = 2
[pipeline:main]
pipeline = object-server
[app:object-server]
use = egg:swift#object
[object-replicator]
[object-updater]
[object-auditor]
```

10.4.8 开启存储节点服务

在安装配置完成之后，可以启动 Swift 集群。首先在 3 个存储节点上启动各种 object、container 及 account 的服务，然后再启动代理节点上的服务。

开启存储节点服务。

```
swift-init object-server start
swift-init object-replicator start
swift-init object-updater start
swift-init object-auditor start
swift-init container-server start
swift-init container-replicator start
swift-init container-updater start
swift-init container-auditor start
swift-init account-server start
swift-init account-replicator start
swift-init account-auditor start
```

也可以使用下面的命令开启存储节点上的所有服务。

```
swift-init all start
```

当启动存储节点服务的时候可能会报 WARNING: Unable to increase file descriptor limit.

Running as non-root? ，这是正常情况。

启动 proxy 服务。

```
service memcached restart
service rsyslog restart
swift-init proxy restart
```

10.5 安装成功验证

这部分需要验证，解决如何设置和 Keystone 的连接，还是可以使用 Swauth 进行验证的问题。

10.5.1 检测 Swift 运行状态

```
swift -A http://127.0.0.1:8080/auth/v1.0 -U swift:swift -K
testpass stat -v
```

如果运行成功则会返回类似如下的信息。

```
StorageURL:http://127.0.0.1:8080/v1/AUTH_3f7fb037-57b6-4771-
831a-8fd811bcc3c7
AuthToken: AUTH_tkf5b6840d9ce64d7298a800505a2ed857
Account:AUTH_3f7fb037-57b6-4771-831a-8fd811bcc3c7
Containers:0
Objects:0
Bytes:0
Accept-Ranges:bytes
X-Trans-Id:txdb39ed113c1c49299ebb364a4246a3a9
```

注意：返回的具体的值是根据具体情况而定的，并不是每个系统返回的都是一样的。假如出现了错误，你可以在/var/log/swift/目录下查询到相应的信息。

10.5.2 上传和列出文件

将/etc/swift/proxy-server.conf 文件上传到 wenna 容器中。

```
swift -A http://127.0.0.1:8080/auth/v1.0 -U system:root -K
testpass upload \
       wenna  /etc/swift/proxy-server.conf
```

列出 wenna 容器中的文件。

```
swift -A http://127.0.0.1:8080/auth/v1.0 -U system:root -K
testpass list wenna
```

10.5.3　下载文件

将 wenna 容器下的所有文件下载到本地。

```
swift -A http://127.0.0.1:8080/auth/v1.0 -U system:root -K
testpass download wenna
```

注意：如果上传文件的时候有嵌套目录，则上传到 swift 上后，也是以嵌套目录的形式存在，下载后，会在当前目录创建一样的嵌套目录。

10.6　常见问题说明

问题 1. 执行命令

```
curl -k -v -H 'X-Storage-User: system:root' -H 'X-Storage-Pass:
testpass' \
      https://127.0.0.1:8080/auth/v1.0
```

若出现 400 错误，说明 Ring 有问题，请检查 swift.conf 等配置文件是否正确。

问题 2. mount: wrong fs type，bad option，bad superblock

在终端下输入 apt-get install nfs-common 解决问题。

问题 3. 运行 swift 命令报 503 错误

/srv/node/sdb 权限可能有问题，请检查该文件夹的权限。

问题 4. ImportError: No module named swiftclient

请安装缺失的应用包。

```
apt-get install python-pip
pip install python-swiftclient
```

实训

10.1　按照本章说明搭建 Swift 集群并验证是否成功。

PART 11 第 11 章 运行维护 Swift 集群

主要内容：

- 增加存储容量
- 移除存储设备
- 处理硬件故障
- 观察和优化集群性能

本章目标：

- 掌握 Swift 安置数据的方法
- 掌握添加新磁盘的方法
- 掌握平滑添加存储容量的方法
- 掌握添加新存储节点的方法
- 掌握移除存储节点的方法
- 掌握移除故障磁盘的方法
- 掌握处理有故障磁盘驱动器的方法
- 掌握处理写满的磁盘驱动器的方法
- 掌握处理磁盘区域失效的方法
- 掌握处理失去联系的节点故障的方法
- 掌握处理故障节点的方法
- 掌握优化集群性能的方法

在讲解了 Swift 的安装之后，本章将首先介绍如何进行对 Swift 集群的日常运维，包含如何计划存储容量的添加，如何移出原有的磁盘，如何处理磁盘故障和存储节点故障的方法和步骤，以及如何观察和优化集群的性能等。通过这章的学习，你将掌握如何完成运维 Swift 集群的各种任务。

11.1 增加存储容量

数据总是会不断增长，所以也就需要 Swift 集群的存储容量也随之增加。Swift 存储系统的一大优势就是可以很好地适应这种需求。在本节我们介绍如何给 Swift 集群增加新的存储容量。

11.1.1 Swift 安置数据的方法

为了能够更好地理解如何给 Swift 集群增加容量，我们首先回顾一下 Swift 安置数据的方法。Swift 安置数据的原则是采用"尽量独特"（unique-as-possible）的安置算法，也就是说，按级来逐步计算安置的地点，首先考虑的是地区，然后是区域，再后是服务器，最后是存储驱动器。当 Swift 选择如何安置一个数据副本的时候，它首先选择一个还没有存放过该对象副本的可用区域。如果所有的可用区域都已经存放过，就会在用得最少的可用区域选择一个还没有存放该对象副本的服务器。如果所有区域的所有服务器都已经存放过，那么就会选择还没有存放该对象副本的存储驱动器。该算法既可保证数据的快速部署，也可以尽量保护数据不会受到硬件故障的影响。

当 Swift 的存储容量增加后，在集群中的数据将会重新进行安置，以便达到新的均衡状态。比如说，集群的存储空间已经达到 80%的饱和，然后你新增加了一个数据节点。系统就会从原来的存储节点迁移一部分数据到新的存储节点。我们在 Swift 实现原理一章已经讲解了 Swift 已经采取了先进的算法去避免大量的数据迁移。但是在一个小集群环境下，增加新的存储容量引发的数据流量还是会比较明显。所以，给小集群添加新的存储容量时候需要注意不要引起新添节点的网络拥堵。

11.1.2 添加新磁盘的方法

给 Swift 添加新的存储磁盘是一个比较漫长，但是很直接的过程。从管理员的角度来看，添加新存储容量主要有以下 3 步。下面我们以给 192.168.112.130 存储节点添加一个大小为 3TB，标号为 sdb2 的磁盘为例进行介绍。

① 添加存储磁盘到环的区域（Zone）中。在代理节点执行下面的操作。

```
swift-ring-builder account.builder add z1-192.168.112.130:6002/d16 3
swift-ring-builder container.builderaddz1-192.168.112.130:6001/d16 3
swift-ring-builder object.builderaddz1-192.168.112.130:6000/d16 3
```

在这里我们使用 3 作为权重，是因为新加磁盘的容量为 3TB。我们以磁盘容量大小单位 TB 作为权重的单位。

② 分别对对象、容器和账号的环进行平衡。执行下面的操作。

```
swift-ring-builder object.builder rebalance
swift-ring-builder container.builder rebalance
swift-ring-builder account.builder rebalance
```

③ 复制环数据到所有存储节点。执行下面的操作。

```
scp account.ring.gz swift-node-1:/etc/swift/account.ring.gz
scp container.ring.gz swift-node-1:/etc/swift/container.ring.gz
scp object.ring.gz swift-node-1:/etc/swift/account.ring.gz
scp account.ring.gz swift-node-2:/etc/swift/account.ring.gz
scp container.ring.gz swift-node-2:/etc/swift/container.ring.gz
scp object.ring.gz swift-node-2:/etc/swift/account.ring.gz
scp account.ring.gz swift-node-10:/etc/swift/account.ring.gz
scp container.ring.gz swift-node-10:/etc/swift/container.ring.gz
scp object.ring.gz swift-node-10:/etc/swift/account.ring.gz
```

完成这 3 步操作之后，Swift 将会探测到新加入的磁盘，并按照算法从原来的存储设备上迁移数据到新磁盘，从而达到新的数据均衡。

尽管这个添加新磁盘给 Swift 集群的方法是正确的，但是却会带来一个极大的问题。因为新添加的容量比较大，那么为了达到新的数据均衡，Swift 就会迁移大量的数据到新添加的磁盘，从而会导致 Swift 集群性能的急剧下降。

如果集群中有 1.5TB 的数据传送到新的磁盘中，那么将会导致 10GB 的以太网卡在接下来的 20 分钟内达到 100%的使用率。整个系统的性能在数个小时内将会很糟糕。

11.1.3 平滑添加存储容量的方法

为了解决上面添加存储容量带来的系统性能下降的问题，本节介绍一个平滑添加容量的方法。这种方法就是通过逐步添加少量的存储容量到集群中，而不是突然大容量增加。但是单块物理磁盘的容量在不断增大，我们不可能降低磁盘的存储容量。那么如何能够达到逐步少量添加的效果呢?

实际上，我们可以采取改变磁盘的权重来达到这个目的。因为 Swift 系统并不知道新添加磁盘的实际容量，而只是根据添加容量时提供的权重来计算应该迁移多少数据到新的磁盘中。如果把新添磁盘的权重减小，那么需要迁移到新磁盘的数据量就减少。

所以，可以在添加新磁盘的时候把比重从 3 降低到 0.03，那么所需要迁移的数据量就会降低 100 倍。具体步骤如下。

① 添加磁盘，但是把权重降低为 0.03。

```
swift-ring-builder account.builder add z1-192.168.112.130:6002/d16 0.03
swift-ring-builder container.builder add z1-192.168.112.130:6001/d16 0.03
swift-ring-builder object.builder add z1-192.168.112.130:6000/d16 0.03
```

② 重新平衡环。

```
swift-ring-builder object.builder rebalance
swift-ring-builder container.builder rebalance
swift-ring-builder account.builder rebalance
```

③ 复制环数据到所有存储节点。

```
scp account.ring.gz swift-node-1:/etc/swift/account.ring.gz
scp container.ring.gz swift-node-1:/etc/swift/container.ring.gz
```

```
scp object.ring.gz swift-node-1:/etc/swift/account.ring.gz
scp account.ring.gz swift-node-2:/etc/swift/account.ring.gz
scp container.ring.gz swift-node-2:/etc/swift/container.ring.gz
scp object.ring.gz swift-node-2:/etc/swift/account.ring.gz
 ...
scp account.ring.gz swift-node-10:/etc/swift/account.ring.gz
scp container.ring.gz swift-node-10:/etc/swift/container.ring.gz
scp object.ring.gz swift-node-10:/etc/swift/account.ring.gz
```

④ 等到数据均衡以后（如 1 小时后）再重新提高该磁盘的权重到 0.06。

```
swift-ring-builder account.builder add z1-192.168.112.130:6002/d16 0.06
swift-ring-builder container.builder add z1-192.168.112.130:6001/d16 0.06
swift-ring-builder object.builder add z1-192.168.112.130:6000/d16 0.06
```

⑤ 重新执行均衡环的操作，再传送环数据到所有存储节点。然后等待 1 个小时，再重复上面的操作，100 次以后，新添加磁盘的权重就达到了应该具有的值 3。该设备添加成功。

那么如何确定每次可以增加的容量不会引起系统性能下降呢？一般来讲，每次添加的容量最好不要超过集群现有容量的 20%。

11.1.4 添加新的存储节点

添加新的存储节点的步骤和在前一章介绍的搭建 Swift 集群中安装存储节点的方法一样。下面假定加入一个新的存储设备，IP 地址为 192.168.112.133，磁盘存储量为 3TB。同时我们假定把新添加的存储设备分配到一个新的分区（Zone4）。

实现方法如下。

① 在代理节点完成以下步骤。

a. 添加存储节点的磁盘设备到环。

```
swift-ring-builder account.builder add z4-192.168.112.133:6002/d16 0.03
swift-ring-builder container.builder add z4-192.168.112.133:6001/d16 0.03
swift-ring-builder object.builder add z4-192.168.112.133:6000/d16 0.03
```

b. 重新均衡环。

c. 复制环数据到所有存储节点。

② 在新添加的存储节点完成以下步骤。

a. 安装存储服务相关的包。

b. 设置存储点。

c. 创建 Swift 工作目录。

d. 从代理节点复制配置文件。

e. 创建/etc/rsyncd.conf。

f. 修改/etc/default/rsync 中的 RSYNC_ENABLE 的属性为 true，并启动 rsync 服务。

g. 为 account-server、container-server 及 object-server 创建配置文件。

h. 开启存储节点服务。

后面的命令因为和前面一样就没有重复，可以参考前面获得细节。需要指出的是，我们采用的是平滑添加存储的方法，所以新添加存储设备的权重是逐步提高的，需要进行多次重复来达到最后的权重。

11.2 移出存储设备

在运维Swift集群的时候也会遇到需要把集群中的磁盘或者整个存储节点从集群中移出的情况，比如，需要升级到更高容量的磁盘，换出老磁盘，或者需要更换整个存储节点。和添加存储设备一样，移出存储设备的过程也需要是一个平滑的过程。不然也会引起集群的大量数据移动，从而降低系统的性能下降和不稳定。

11.2.1 移出存储节点

Swift 的一大优势就是可以很好地应对硬件故障。在 Swift 运行过程中，总会出现存储节点故障，或者需要对存储节点进行更新，这都会需要把该存储节点从集群中移出。

如果一个存储节点仅仅需要重新启动，那么就直接重启，而不需要做任何特别的操作。重启过程中，用户对该存储节点上的数据请求会转送到另外的副本上。如果需要把一个存储节点关掉比较长的时间，比如说一天以上，那么就需要把存储节点从集群中移出。

从 Swift 集群移出存储节点的步骤如下。

① 在代理节点上发送移出存储节点的命令。

```
swift-ring-builder account.builder remove <ip address of storage node>
swift-ring-builder container.builder remove <ip address of storage node>
swift-ring-builder object.builder remove <ip address of storage node>
```

② 重新平衡环。

```
swift-ring-builder account.builder rebalance
# swift-ring-builder container.builder rebalance
# swift-ring-builder object.builder rebalance
```

③ 把新的环文件复制到其他存储节点。

```
scp account.ring.gz swift-node-1:/etc/swift/account.ring.gz
scp container.ring.gz swift-node-1:/etc/swift/container.ring.gz
scp object.ring.gz swift-node-1:/etc/swift/account.ring.gz
scp account.ring.gz swift-node-2:/etc/swift/account.ring.gz
scp container.ring.gz swift-node-2:/etc/swift/container.ring.gz
scp object.ring.gz swift-node-2:/etc/swift/account.ring.gz
 ...
```

```
scp account.ring.gz swift-node-10:/etc/swift/account.ring.gz
scp container.ring.gz swift-node-10:/etc/swift/container.ring.gz
scp bject.ring.gz swift-node-10:/etc/swift/account.ring.gz
```

上面的步骤实际上就是把该存储节点完全移出了 Swift 集群。如果以后需要重新把该服务器加入集群，就按照前面介绍的方法进行。

上面的步骤是假定服务器出了故障没有办法正常运行的时候应该采取的。但是这种直接把存储节点移出的方式，会造成大量的数据迁移，从而导致一定时间内的网络堵塞和系统性能下降。所以，如果不是因为服务器故障，而是有计划地把一个存储节点移出集群，那么就应该采取平滑的方式进行。应该首先按照下节介绍的方法把存储节点上的磁盘平滑卸载，然后再按照上面的步骤把存储节点移出。

11.2.2 移出存储磁盘

移出存储磁盘的情况可以分为两种。一种是存储磁盘出了故障不能正常工作了。一种是存储磁盘还能工作，只是为了升级等原因进行更换。对于第一种情况，我们只能采取直接把故障磁盘移出的方法。而对于第二种情况，为了避免造成集群在一定时间内的突发大量数据迁移，从而带来系统性能下降的问题，我们应该采取平滑移出的方法。下面我们对这两个步骤分别进行介绍。

1. 移出故障磁盘

在 Swift 集群里移出一个故障磁盘还是比较容易的，但是需要系统的设置是正确合理的。比如说，故障磁盘上的数据在其他磁盘上有副本存在。

下面我们假定磁盘/dev/sdb 出了故障，需要移出，则可通过以下手段实现。

① 卸载磁盘。

```
umount /dev/sdb
```

② 从存储节点上把磁盘卸载。

当 Swift 系统发现该磁盘不可用时，就会根据数据的其他副本产生丢失的数据。

2. 平滑移出磁盘

当需要把一个没有问题的磁盘移出集群的时候，就可以采取平滑的方法，从而可以避免可能会给系统带来的性能问题。平滑移出的思路和平滑添加存储的思路是相同的，就是不是一次全部移出，而是通过降低磁盘权重的方法逐步把磁盘上的数据迁移出去，直到所有数据都迁移出去之后，再把该磁盘卸载。

下面通过假设要从存储节点 192.168.12.104 上移出一个容量为 500GB，标号为 sd5 的磁盘进行介绍。

① 需要检查该磁盘的权重是多少。

```
swift-ring-builder account.builder
account.builder, build version 117
1048576 partitions, 3 replicas, 4 zones, 4 devices, 0.02
balance
```

```
The minimum number of hours before a partition can be reassigned is 1
Devices: id zone  ip address     port  name weight partitions
balance meta
      0    1   192.168.12.104  6000   sd2   0.5  786469    0.00
      1    2   192.168.12.104  6000   sd3   0.5  786498    0.01
      2    3   192.168.12.104  6000   sd4   0.5  786263   -0.02
      3    4   192.168.12.104  6000   sd5   0.5  786498    0.01
              ...
```

② 把 sd5 磁盘的权重逐步降低，比如说每次降低 0.1。

```
swift-ring-builderaccount.builderset_weightz1-192.168.12.
104:6002/ sd5 0.4
swift-ring-builder container.builder set_weight z1-192.168.12.104:
 6002 /sd5 0.4
swift-ring-builder object.builder set_weight z1-192.168.12.
104:6002/ sd5 0.4
```

③ 重新平衡环。

```
$ swift-ring-builder account.builder rebalance
$ swift-ring-builder container.builder rebalance
$ swift-ring-builder object.builder rebalance
```

④ 再把新的环数据复制到各个存储节点。

```
$scp account.ring.gz swift-node-1:/etc/swift/account.ring.gz
$scp container.ring.gz swift-node-1:/etc/swift/container.ring.gz
$scp account.ring.gz swift-node-1:/etc/swift/account.ring.gz
...
```

然后等待一个或两个小时，再次降低磁盘的权重。这样反复重复直到权重降到 0。最后再把磁盘从服务器上卸载。

11.3 处理硬件故障

任何集群迟早都会出现硬件故障。硬件故障会有多种不同的形式。整个硬盘驱动可能不工作了，给存储节点的电源可能出问题了，交换器有可能失灵了，整个或者部分集群的电源也会发生异常等。所幸的是 Swift 的主要设计思想就是为了应付这些故障的，无论是大故障，还是小故障。即使发生磁盘故障、存储节点故障，甚至是部分机架故障，Swift 都能够继续运行，并且能够保证数据的可靠性和可用性。

Swift 采用“尽量独特”的数据放置策略。这个策略既可以使 Swift 在较小的集群上进行部署，还可以在集群出现故障时提供数据的可靠性。同时，每个数据都还有 2 个“故障处理区”。如果存放哪个数据的某个副本的硬件出现了问题，那么 Swift 就会把数据存放到该数据的“故障处理区”。

11.3.1 处理有故障的磁盘驱动器

一个磁盘驱动器出了故障对于 Swift 集群来讲并不是什么特别的大急事。如果一个磁盘驱动器出了故障，那么它就不可挂载到存储节点上。Swift 系统就可以探测到该驱动器出了故障。如果有个对象的副本刚好存储在故障磁盘驱动器上，那么存储节点上的“Replicator”进程就会发现该对象的一个副本不可用了，就会启动往该对象的“故障处理区”生成副本的过程。整个过程都是自动的，不需要管理员参与。

整个过程实际上就是当一个磁盘驱动器变成不挂载状态时，有些对象突然变成只有两个副本，“Replicator”的复制进程会立即产生新的副本，使得那些对象重新具有 3 个副本。因为整个集群都会参与到这个复制过程，所以 Swift 能够保证整个处理过程会很快。

那么当一个磁盘驱动器在用户上载数据的时候出了故障，Swift 系统能不能正确处理呢？当用户上载数据的时候，代理服务器（Proxy Server）将会把上载的对象存储到 3 个存储节点上去。如果刚巧代理服务器选择了要把数据往有故障的磁盘驱动器上存放，那么当那个存储节点试图往故障磁盘驱动器上写数据的时候，就会告诉代理服务器选择的那个驱动器出了故障。

当接到这个错误信息后，代理服务器就会把数据写到该对象的“故障处理区”，从而保证新上载的对象仍然有 3 个副本。每个对象的“故障处理区”都是由环来决定的。代理服务器仅仅是从环那里获得“故障处理区”的地址，然后把数据写到那里，并不参与“故障处理区”的选择。

对于系统管理员来讲，处理故障磁盘驱动器的操作步骤如下。

① 把故障磁盘处理器从存储节点中取出。

② 安装一个新的磁盘处理器来代替故障磁盘处理器。

③ 格式化新磁盘。

④ 把新磁盘加入集群（按照 11.1.3 节介绍的方法）。

11.3.2 处理写满的磁盘驱动器

另一个需要考虑的硬件故障是磁盘写满的情况。因为 Swift 总的来讲是把数据平均地写到系统的各个磁盘上。如果有的磁盘接近写满，那么就意味着整个集群的空间几乎要写满了。在这种情况下，就需要给集群增加新的容量。

在本章前面的 11.1 节，我们已经了解如何给集群增加新的容量，既可以在现有的存储节点上添加新的磁盘驱动器，也可以在新的存储节点添加。

11.3.3 处理磁盘区域失效故障

在 Swift 集群中，“验证进程”在不断地对数据进行检测来保证数据的可用性。“验证进程”扫描给定存储节点的每一个对象来检测是不是有数据失效。扫描的方式有以下 3 种。

- “验证进程”进行一次快速扫描检测是不是有零字节文件。XFS 文件系统就是通过创建一个零字节文件来告诉管理员已经发现了磁盘故障。

- 还有一个慢速扫描过程重新计算每个对象的校验和，然后和 Swift 系统记录中的校验和进行比较。如果两个校验和不一致，就说明该对象的数据遭到了破坏。系统会把遭到破坏的对象移到“隔离区”。然后启动复制过程为该对象生成一个新的副本，用来代替遭到破坏的副本。
- 作为最后一道防护措施，当一个对象下载给客户的时候，Swift 会重新计算对象的校验和。如果校验和系统记录的不一致，那么就会把该对象移到“隔离区”。用户也会发现下载的对象的校验和不正确，然后重新下载该对象。

无论上面哪种情况，Swift 都会把出现问题的对象移到“隔离区”，再在“故障处理区”生成一个新的副本来确保每个对象有 3 个副本。

11.3.4 处理失去联系的节点故障

在 Swift 集群中，可能发生的另一个故障就是一个节点会因为电源故障、网络故障或者主板故障而出现失去联系的状态，如代理节点不能和该存储节点进行通信。如果一个节点 10 秒钟不回答请求，就假定该节点失去了联系，就需要提醒管理员注意。节点故障要比磁盘故障严重，需要管理员尽快进行处理。

当存储节点失去联系时，Swift 仍然假定该节点上的数据没有受到损坏，只是暂时不能使用。在这种情况下，Swift 不会启动复制进程来重新生成新的数据副本，因为这种故障可以通过重新连接网络以及修复电源而快速得到恢复。这些修复操作要比重新生成整个节点上的数据要简单和快速。

处理该类故障的时候，千万要注意不能在这个时候更改集群的配置，因为这样会给集群带来新的变数，从而使故障恢复变得更为复杂。

节点失去联系的故障多数情况下是由网络问题引起的。所以，管理员首先应该检查网络是不是有问题，检查网络开关、网线、网卡是不是正常。如果故障的确是因为网络问题造成的，那么只需要恢复网络就可以了。管理员不需要再进行任何操作。Swift 的“一致性进程”会对集群数据进行调整来消除因为该节点不可联系阶段造成的数据不均匀问题。

如果发现不是网络问题，而是存储节点本身出了故障，那么就参考下一节。

11.3.5 处理故障节点

一般来讲，即使一个存储节点出了故障，应该尽可能地恢复该节点，因为重新生成一个节点数据的副本代价比较高。但是如果你已经确定该存储节点上的数据已经遭到了破坏，应该采取下面的措施来恢复系统。

首先在这个阶段不要进行其他配置修改工作。然后可以按照前面讲解的移出磁盘的方法把故障节点上的磁盘移出。可以一次性地把多个磁盘全部移出，但是这将会在一段时间内引起集群内部大量的数据迁移，从而会大大影响集群的性能和稳定性。你也可以每一次只移出一个磁盘，这样不会造成集群过量的数据迁移，但是恢复整个系统的时间就会大大加长。所以你应该根据集群的规模和配置来决定采用哪种方式。一般来讲，先采用移出一个磁盘的方法，对系统进行观察。如果没有引起系统性能大的下降，就可以增加每次移出磁盘的数量。

在把故障节点上的磁盘都移出以后，把该存储节点从集群中移出。

11.4 观察和优化集群性能

Swift 集群中有好多进程并发运行在许多节点上。所以，当进行故障分析、性能分析以及容量计划的时候，需要了解集群内部的真实运行情况。在观察集群运行性能的时候，需要主要关注下面这些特性。

- 异步等待数据（Async Pending）：当一个对象已经上载到一个容器，但是因为存储节点太忙，不能及时更新容器列表记录的时候，系统就会生成一个 Asnc Pending 文件。这个文件的目的就是告诉“一致性进程”这个容器的对象个数，以及所使用的存储字节数需要增加了。以便让“一致性进程”在存储节点不繁忙的时候完成更改操作。在系统中存在一些 Async Pending 文件是正常的，不需要感到意外。但是如果这些文件的个数在不断增加，那么就需要引起注意了。很有可能是因为同时写入同一存储设备的数据量太高引起的。这时就需要考虑如何使这些数据能够更好地分布到更多的存储磁盘上。
- CPU 利用率：CPU 的利用率是另一个需要注意的参数，特别是代理节点很容易成为 CPU 密集型，从而变成系统性能的瓶颈。如果你的代理节点的配置过低或者集群的任务繁重的时候，这种情况就会发生。另外一个可能就是当系统接到大量请求，但是每个请求的数据量都比较小的时候，比如许多 HEAD、小对象 PUT、小对象 GET 等。如果你的集群的请求有好多是这样的，那么你的代理节点就很可能成为 CPU 密集型。这种情况下，你就需要特别关注代理节点的 CPU 利用率。对于存储节点来讲，一般都是在成为 CPU 密集型以前就已经成为 I/O 密集型。可能的例外就是使用 SSD 磁盘驱动器作为账号或者容器的服务器的时候。在这种情况下，如果存储的容量和滞后性能非常好，那么代理节点有可能成为 CPU 密集型。
- I/O 利用率：I/O 利用率是另外一个重要的参数。观察每个磁盘驱动器的 I/O 利用率更为重要。因为通过每个磁盘的 I/O 利用率你可以观察到系统中有没有热点。如果有好多请求刚好都集中到某个账号或者容器的时候，就会引起某些磁盘成为热点。
- 数据迁移活动：如果你发现集群中有大量的数据迁移活动，就意味着可能有磁盘出现了故障。
- 时间统计：对每一个请求都有相应的时间统计。通过分析请求的时间统计，你可以发现系统在响应请求在每个阶段所花费的时间，账号、容器，还是对象。你还可以比较代理节点处理请求的情况与账号、容器、对象处理请求的情况。这些统计还按照不同操作进行分类，PUT/GET/HEAD，所以你可以分析每类请求的处理情况。

11.5 总结

在本章中我们介绍了如何进行对 Swift 集群的日常运维，包含如何计划存储容量的添加，如何移出原有的磁盘，处理磁盘故障和存储节点故障的方法和步骤以及如何观察和优化集群的性能等。通过这章的学习和配套的实践练习，你将会掌握如何完成实际运维 Swift 集群的各种任务。

📖 习题

11.1　如何为 192.168.112.118 存储节点添加一个大小为 2TB，标号为 sdb4 的磁盘？请写出操作步骤和命令。

11.2　直接添加新磁盘的方式会给系统带来什么问题？可采用什么方法进行优化？

11.3　为什么可以采用改变权重的方式实现逐步少量添加存储容量？一般来讲，每次添加的容量最好控制在集群容量的______以下？

11.4　简述添加一个新的存储节点的步骤和命令。假定存储节点的容量为 3TB，添加进的分区为 Zone4，IP 地址为 192.168.112.133。

11.5　当一个存储节点离线时间超过多久的时候就需要执行把该存储节点从集群中移出的操作?如何从 Swift 集群中移出一个存储节点？写出步骤和命令。

11.6　请写出移出故障磁盘的步骤。（假设磁盘/dev/sdb 出故障）

11.7　当集群中的一个磁盘驱动器发生故障以后，Swift 系统是如何保障集群仍然能够正常工作的?

11.8　简述系统管理员在处理存储节点失去联系故障的方法和步骤，以及应该注意的事项。

11.9　通过哪些系统参数可以了解 Swift 集群的运行情况。

实训

11.1　按照本章的说明完成下述实际操作：

① 添加一个磁盘，注意需要避免集群内数据短时间内的大量迁移；

② 添加一个存储节点；

③ 移出一个磁盘；

④ 移出一个存储节点。

11.2　模拟下面的硬件故障，并观察 Swift 集群是否还能够正常工作:

① 一块磁盘发生故障；

② 一个存储节点和集群失去联系；

③ 一个存储节点不能启动。